翡翠鉴赏

（全彩珍藏版）

由伟　编著

清華大學出版社
北　京

内容简介

本书全面系统地介绍了翡翠的相关知识，涵盖了其主要特征、种类、原石交易（赌石）、加工技艺、选购技巧、常见的伪造手段及其鉴别方法，以及当前市场的消费趋势等。本书旨在帮助读者学会鉴赏和挑选翡翠，了解其价值评估和真伪鉴别的方法。内容紧贴市场现状，实用性和操作性强，对消费者选购翡翠饰品大有裨益。

本书不仅适合广大翡翠爱好者和普通消费者阅读，帮助大家掌握一些实用的翡翠鉴赏和鉴定技巧，而且对珠宝行业的专业人士而言，也具有相当大的参考价值。

图书在版编目（CIP）数据

翡翠鉴赏：全彩珍藏版 / 由伟编著 . 北京：清华大学出版社，2025. 1.

ISBN 978-7-302-68190-8

Ⅰ . TS933.21

中国国家版本馆 CIP 数据核字第 2025HN3106 号

责任编辑：张　瑜
装帧设计：杨玉兰
责任校对：徐彩虹
责任印制：沈　露

出版发行：清华大学出版社
网　址：https://www.tup.com.cn, https://www.wqxuetang.com
地　址：北京清华大学学研大厦 A 座　**邮　编：**100084
社总机：010-83470000　**邮　购：**010-62786544
投稿与读者服务：010-62776969, c-service@tup.tsinghua.edu.cn
质 量 反 馈：010-62772015, zhiliang@tup.tsinghua.edu.cn

印 装 者：三河市君旺印务有限公司
经　销：全国新华书店
开　本：146mm × 210mm　**印　张：**10.75　**字　数：**348 千字
版　次：2025 年 3 月第 1 版　**印　次：**2025 年 3 月第 1 次印刷
定　价：69.00 元

产品编号：103510-01

前言

玉被誉为大地的精华，而翡翠又有“玉石之王”之称，多年来一直深受人们喜爱。翡翠不仅具有多种功能：能满足人们对美的追求，成为情感寄托和个性表达的重要媒介，具有一定的保健功效，并且还是一种重要的投资工具。

目前，我国的翡翠市场正在蓬勃发展。然而，由于翡翠品种繁多，市场上质量参差不齐，普通消费者因缺乏相关的鉴赏知识，而无法准确地判断产品的价值，从而导致在经济和情感上遭受不小的损失。这种状况使得许多消费者对翡翠既爱又怕：虽然心中喜爱，但是却不敢轻易购买。这种现象也在很大程度上限制了我国翡翠市场的进一步发展。

因此，本书全面系统地介绍了翡翠的鉴赏知识，旨在帮助读者深入地了解翡翠，使他们在选购时有据可依。

本书内容紧跟市场现状，从消费者的视角出发，突出实用性和操作性，旨在帮助读者在纷繁的市场中保持清醒的判断力，准确评估翡翠的价值。期望本书能为广大读者提供有效的帮助。

本书的图片资料得到了晋心珠宝的大力支持，作者对此表示衷心的感谢。同时，本书在编写过程中也参考了翡翠行业同人的大量资料，在此向他们表示感谢，没有他们的帮助，本书可能无法完成。

同时，作者也对清华大学出版社的张瑜编辑表示感谢，多年来，张编辑一直在为作者提供了宝贵的帮助和支持。

编　者

目录

第 1 章 翡翠概述

翡翠，也常被称为硬玉、翠玉、缅甸玉，在珠宝行业里，被誉为“玉石之王”，受到很多人的喜爱。我们发现，许多商场、超市都在销售翡翠饰品，而且在北京、上海等地举办的珠宝展上，翡翠商家的展位也特别多。据资料显示，最近几年，翡翠已经成为第二种最受我国居民欢迎的珠宝首饰品种，每年的销售额达 1000 亿元左右。图 1-1 所示是 2023 年中国国际珠宝展上的翡翠企业展位。

图 1-1　2023 年中国国际珠宝展上的翡翠企业展位

翡翠名字的由来

关于“翡翠”名字的由来，有几种不同的说法。

一 古代的鸟

第一种说法是一个美丽的传说，人们比较熟悉——“翡翠”是我国古代一种美丽的鸟。这种鸟的雄性的羽毛是红色的，人们把它叫作“翡”，雌性的羽毛是绿色的，人们把它叫作“翠”。在我国最早的字典、东汉时期的许慎所著的《说文解字》中，对翡翠鸟进行了记载：“翡，赤羽雀也；翠，青羽雀也。”

翡翠鸟的羽毛颜色鲜艳，因此古代人们常常将其用于制作多种漂亮的物品和装饰品，如服装、家居用品、建筑装饰等。我国有一本古籍，叫《逸周书》，很多人认为它是战国时期的著作，这本书主要记载了周朝时期的一些事情，其中《卷七 · 王会解》中，记载了翡翠羽毛的用途：“仓吾翡翠，翡翠者所以取羽。”其中的“仓吾”是指现在的广西壮族自治区的苍梧县。

我国古代的诗人们对翡翠鸟情有独钟，特别喜爱，并创作了许多优美的诗句。这些诗人包括屈原、李白、杜甫、白居易等。下面我们来欣赏一下这些诗句。

“翡翠珠被，烂齐光些。”

——作者：屈原，战国时期

“山鸡归飞而来栖，翡翠列巢以重行。”

——作者：左思，晋

“鸳鸯绿蒲上，翡翠锦屏中。”

——作者：李白，唐

“玉楼巢翡翠，金殿锁鸳鸯。”

——作者：李白，唐

“江上小堂巢翡翠，苑边高冢卧麒麟。”

——作者：杜甫，唐

“彩帷开翡翠，罗荐拂鸳鸯。”

——作者：白居易，唐

“玳瑁筵前翡翠栖，芙蓉池上鸳鸯斗。”

——作者：白居易，唐

“翡翠佳名世共稀，玉堂高下巧相宜。”

——作者：罗隐，唐

“翡翠巢南海，雌雄珠树林。”

——作者：陈子昂，唐

“蔷薇藤老开花浅，翡翠巢空落羽奇。”

——作者：徐夤，唐

“鸳鸯楼下万花新，翡翠宫前百戏陈。”

——作者：陈去疾，唐

“芙蓉帐冷愁长夜，翡翠帘垂隔小春。”

——作者：萨都剌，元

“湖光迷翡翠，草色醉蜻蜓。”

——作者：崋护，唐

“何人曾侍传柑宴，翡翠帘开识圣颜。”

——作者：张孝祥，宋

“花点吴盐春欲老，翡翠飞来剪芳草。”

——作者：杨维桢，元

遗憾的是，翡翠鸟如今已不复存在，人们无法亲眼看到它们的真实风采。不过，我们可以利用人工智能（AI）技术对其进行还原，图 1-2 所示是用 AI 软件生成的翡鸟和翠鸟的图片，从中可以大致了解它们的容貌。

翡鸟

翠鸟

图 1-2　AI 技术生成的翡翠鸟

后来，当缅甸出产的玉石传入我国后，人们发现它们的颜色和翡翠鸟的羽毛非常相似，于是就把这种玉石命名为“翡翠”。

无疑，美丽的翡翠鸟充满了强烈的传奇色彩，能引起人们无限遐想。很多人会情不自禁地想：现在还有没有翡翠鸟？关于这一点，目前尚无确切答案。但可以确定的是：现在，我国很多地方有一种鸟，名为翠鸟，它的羽毛有蓝色、棕色、红色、黄色等多种颜色，特别鲜艳、漂亮，惹人喜爱，很多摄影爱好者都很喜欢拍摄它们，如图 1-3 所示。

图 1-3　翠鸟

在古代，人们就非常喜欢翠鸟，经常在衣服上绘制翠鸟的图案，在绘画、陶瓷、玉雕等多种艺术品中，翠鸟也是一个常见的主题。因此，它成了一种重要的艺术形象和艺术元素，催生了许多脍炙人口的作品，如《荷塘翠鸟》《游鱼翠鸟》等，这些作品千百年来一直受到人们的喜爱。

如今，在我国，翠鸟属于珍稀鸟类。它不仅具有观赏价值，而且具有重要的经济和科学价值，被列为“三有”保护鸟类——这里的“三有”指的是“有益、有重要经济价值、有科学研究价值”。本书的作者推测，翠鸟与古代的翡翠鸟可能存在某种联系。

二 和田玉

关于翡翠名字的由来，还有一种说法——和新疆出产的和田玉有关。

图 1-4　和田碧玉

在我国古代，人们把新疆出产的绿色的和田玉叫作“翠玉”（现在人们经常叫“碧玉”），如图 1-4 所示。

自古以来，翠玉一直是一种重要的玉种，深受人们的喜爱和重视。在玉器行业中，有“玉有五色”的说法，指的是青、黄、赤、白、黑五种颜色。其中，青色即指绿色。自古代起，我国就流行五行学说，人们提出“天有五行、地有五方、人有五脏、玉有五色”。天的“五行”指的是金、木、水、火、土；地的“五方”指的是东、西、南、北、中；人的五脏指的是心、肝、脾、肺、肾。古人认为，天的五行、地的五方、人的五脏、玉的五色之间存在着某种紧密联系，并且一一对应。在这些对应关系中，“五色”中的青色对应“五行”中的木、“五方”中的东方、“五脏”中的肝脏。在我国古代著名的典籍《周礼》中就规定，在祭祀时，“以青圭礼东方”。“青圭”是用翠玉制作的一种礼器。

明朝时期，缅甸玉石开始传入我国。人们发现，尽管这些玉石多为绿色，但它们与传统的新疆产翠玉并不相同。因此，为了区分新疆产的翠玉，人们最初将缅甸的玉石称为“非翠”，后来随着时间的推移，这个名字逐渐演变成了“翡翠”。

翡翠的历史

在我国，翡翠的历史可以划分为三个阶段。

一 明代以前

很早以前，我国古代的一些典籍就对翡翠有记载。比如，《后汉书》中记载，早在东汉时期，缅甸的国王就三次（公元 97 年、公元 120 年、公元 131 年）派遣使者来到我国，向当时的东汉朝廷赠送宝贵的礼物，其中就包括翡翠。

《新唐书》《旧唐书》及宋代的典籍也有记载，当时中国商人和缅甸商人进行贸易，他们把我国的丝绸、瓷器、茶叶等运到缅甸销售，然后购买当地的特产回国，其中就包括翡翠。

上述记载都表明，在我国，人们很早以前就已知晓并使用翡翠。但是，有的研究者认为，古籍中记载的翡翠与我们现在所知的翡翠可能并非同一物。究竟如何，还需要进一步研究和确认。有兴趣的读者可以进一步查阅资料进行考证。

二 明朝末期

明朝末期，翡翠开始从缅甸传入我国。开始时，我国的人们并不太喜欢翡翠，甚至并不认为它们是玉，只是把它们叫作“翠生石”。《徐霞客游记》中，对这种“翠生石”有几次记载。

第一次：“观永昌贾人宝石、琥珀及翠生石诸物，亦无佳者。”“永昌”是现在的云南省保山市，“贾人”指商人。

第二次："潘生送翠生石二块"，"欲碾翠生石印池、杯子……碾玉者来，以翠生石畀之。二印池、一杯子，碾价一两五钱，盖工作之费逾于买价矣。以石重不便于行，故强就之"。在古代，人们把玉石加工叫"碾玉"，"碾玉者"就是加工玉器的工匠。当时，加工三件"翠生石"，加工费比原料本身的价钱还贵，说明翠生石的价值很低。

然而，即便是"翠生石"，品质上乘者也颇受欢迎，甚至宫廷中亦有人喜爱。《徐霞客游记》中曾记载："潘生一桂虽青衿而走缅甸，家多缅货。时倪按君命承差来觅碧玉，潘苦之，故屡屡避客。"这里的"碧玉"指的就是颜色翠绿的翡翠，说明当时明朝皇帝已经派朝廷官员专门去云南采购高品质的缅甸翡翠。

三 清朝中、后期

在清朝前期，我国的人们也不太喜欢翡翠。但是，从清朝中期开始，翡翠开始受到了我国人们的喜爱。我们熟悉的清朝乾隆皇帝的宠臣——纪晓岚，明确地记载了这种变化。

纪晓岚不仅是政府官员，也是卓有成就的文学家，他曾写过一本很有名的小说，叫《阅微草堂笔记》，我国著名的教育家蔡元培先生评价："清代小说最流行者有三：《石头记》《聊斋志异》及《阅微草堂笔记》是也。"鲁迅先生在《中国小说史略》中，也对《阅微草堂笔记》进行了高度评价："惟纪昀本长文笔，多见秘书，又襟怀夷旷，故凡测鬼神之情状，发人间之幽微，托狐鬼以抒己见者，隽思妙语，时足解颐；间杂考辨，亦有灼见。叙述复雍容淡雅，天趣盎然，故后来无人能夺其席，固非仅借位高望重以传者矣。"由此可见这本书的水平和价值。

在这本书里，纪晓岚对翡翠进行了记载："记余幼时……云南翡翠玉，当时不以玉视之，不过如蓝田干黄，强名以玉耳，今则为珍玩，价远出真玉上矣！……盖相距五六十年，物价不同已如此，况隔越数百年乎！”

从他的记载里可以知道，仅隔了五六十年的时间，到清朝中期的18 世纪 80 年代左右，翡翠在我国已经成为贵重的玉石品种，价格比其他很多玉石都要高。

据资料记载，乾隆皇帝非常喜欢翡翠，他写的关于翡翠的诗文就有300 多首。从此之后，翡翠一直受到清朝宫廷的喜爱，被制作成多种物品，包括工艺品、首饰、服饰，以及大量日用品，比如碗、筷、盆等餐具。

大家熟悉的慈禧太后也特别喜欢翡翠，她有很多用翡翠制作的物品，其中最有名的一件是“翡翠白菜”。据民间传说，慈禧死后，军阀盗挖了她的陵墓，士兵打开棺材后发现，她的两只胳膊各抱着一件宝物——一件是用翡翠雕刻的一棵白菜，另一件是用翡翠雕刻的一个西瓜！另外，两只脚下面还有四个用翡翠雕刻的香瓜！

现在，翡翠西瓜和翡翠香瓜已经不知去向，人们不知道它们到底是什么样子，而翡翠白菜却一直流传至今——目前保存在台北的故宫博物院里，是该院三件镇院之宝的其中一件，如图 1-5 所示。

图 1-5　慈禧太后的翡翠白菜

由于翡翠白菜的传奇身世和吉祥的寓意（白菜是“百财”的谐音），所以，后来有无数人纷纷效仿，用翡翠雕刻出数以千万计的“翡翠白菜”，还有更多的人用其他品种的宝玉石甚至塑料加工成“翡翠白菜”的样子，我们平时在很多地方都可以见到。

1899 年，清朝末期一位叫唐荣祚的鉴赏家和收藏家，写了一本关于玉石鉴赏的著作——《玉说》，里面有一节内容，专门对翡翠进行介绍。

基于翡翠在清朝的特殊地位，它被称为“皇家玉”。现在，在北京的故宫博物院里，收藏了 800 多件清代的翡翠制品，大家去参观时可以看到其中一部分。

翡翠的价值和用途

翡翠主要具有下面四个方面的价值和用途。

一 美化和装饰

常言说“爱美之心，人皆有之”，其实可以再加上一句“自古有之”。因为考古学者发现，人类使用首饰的历史十分悠久——出土的文物表明：早在距现在几百万年之前的原始社会时期的旧石器时代，人类就已经佩戴首饰了。在世界很多国家和地区，挖掘出土了大量人类佩戴的原始首饰，而且这些首饰的种类非常丰富。比如，按照佩戴的位置，有头饰、项饰、臂饰、腕饰、腰饰等；按照材质，有动物的牙齿、骨骼、羽毛、石头、贝壳等。这些首饰有一些共同的特点：外观漂亮、形状规则、表面光滑。

我国的很多古代典籍中经常提到首饰，比如，在《汉书 · 王莽传上》中记载：“珠珥在耳，首饰犹存。”三国时期的著名文学家曹植在名作《洛神赋》中写道：“戴金翠之首饰，缀明珠以耀躯。”唐朝诗人陈子昂在《感遇》中写下了“旖旎光首饰，葳蕤烂锦衾”的诗句。元代剧作家关汉卿在《玉镜台》中提到：“箱柜内无限锦绣珠翠，但能勾与你插戴些首饰。”清代曹雪芹在《红楼梦》第九十二回中写下：“说着，打怀里掏出一匣子金珠首饰来。”

所有这些都说明，古今中外的人都喜欢美，喜欢用首饰装饰自己。

我们知道，翡翠可以加工成多种首饰，包括手镯、吊牌、戒指、项链、手链、耳饰、胸饰等。男女老幼都可以佩戴翡翠首饰，以满足自己的爱美之心，显得或温婉，或端庄，或雍容，或优雅……另外，翡翠也经常被加工成尺寸较大的工艺品，摆在桌子上、橱柜中，或直接摆放在地板上。还有人把翡翠镶嵌在其他物品上，比如家具、服装、钟表等。所以，翡翠具有很好的美化、装饰作用，如图 1-6 所示。

图 1-6　翡翠首饰

二 情感寄托

翡翠的第二种重要作用是情感寄托。

现代研究者认为，原始社会时期的人类佩戴用动物骨头、牙齿等原始材料制作的首饰，目的实际上有多种，除了基本的装饰作用外，另一个重要（甚至可以说是更重要）的目的是情感寄托。比如，佩戴用动物的骨骼、牙齿制作的首饰，是用来祝福自己能狩猎成功而且能平安归来；佩戴用石头制作的首饰，是用来感谢石头给自己带来了食物、猎物（在原始社会时期，人们使用的工具和武器很多是用石头制作的）；还有人佩戴植物的果实或种子制作的首饰，是用来祈求得到粮食，以及子孙满堂（类似于现在有的地方新人结婚，人们在新房里放一些红枣、花生、桂圆和瓜子，寓意“早生贵子”）。

我们可以感觉到，首饰的这种情感寄托作用一直延续到了现在：在有的国家和我国的一些地区，比如一些少数民族地区，人们赋予首饰一种神秘的力量，成为人们的崇拜对象，人们小心翼翼甚至充满敬畏心地收藏、使用、爱惜、保护首饰，经常把首饰作为自己身体的一部分，甚至重于自己的身体、自己的生命。

在人类佩戴首饰的悠久历史中，首饰的内涵越来越丰富、越来越深刻，最终形成独特的文化。在西方国家，有悠久的宝石文化，比如，人们认为钻石代表力量、纯洁、永恒；红宝石会使人逢凶化吉、遇难成祥；

水手和渔民认为海蓝宝石会保佑自己航行安全。

在我国，则有悠久、灿烂的玉文化：人们认为玉是一种有灵性的物质，可以带来吉祥、幸福、平安。

翡翠同样有重要的情感寄托功能，而且内容丰富、寓意深远：人们把翡翠加工成多种形状，用它们表达丰富的情感，一些常见翡翠饰品的寓意如下。

手镯：象征圆满、团圆（因为手镯是圆形的），如图 1-7 所示。

佛和观音：象征平安、吉祥、幸福、顺利、快乐，如图 1-8 所示。

图 1-7　翡翠手镯

图 1-8　翡翠观音

平安扣：代表平安、吉祥，如图 1-9 所示。

福豆：代表财富、富贵、幸福、吉祥、平安，以及多子多福、事业有成（连中三元）、节节高升等，如图 1-10 所示。

图 1-9　平安扣

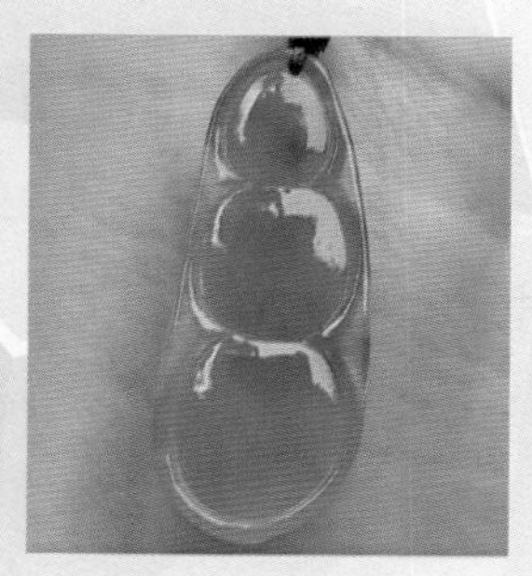

图 1-10　福豆

无事牌：代表平安无事，如图 1-11 所示。

路路通：代表畅通、顺利，如图 1-12 所示。

图 1-11　无事牌

图 1-12　路路通耳饰

绿叶：代表希望、事业有成、兴旺发达。女性佩戴绿叶，还表示青春永驻，永远年轻、漂亮；老年人佩戴绿叶，还表示返老还童、健康长寿，如图 1-13 所示。

福瓜：代表幸福、圆满、全家团圆、人丁兴旺，如图 1-14 所示。

图 1-13　绿叶

图 1-14　福瓜

葫芦：代表幸福、富贵（葫芦是“福禄”的谐音）。另外，在古代，神仙经常在宝葫芦里装灵丹妙药，所以翡翠葫芦也代表健康长寿，如图 1-15 所示。

竹节：代表事业有成、节节高升，还代表平安（源于“竹报平安”

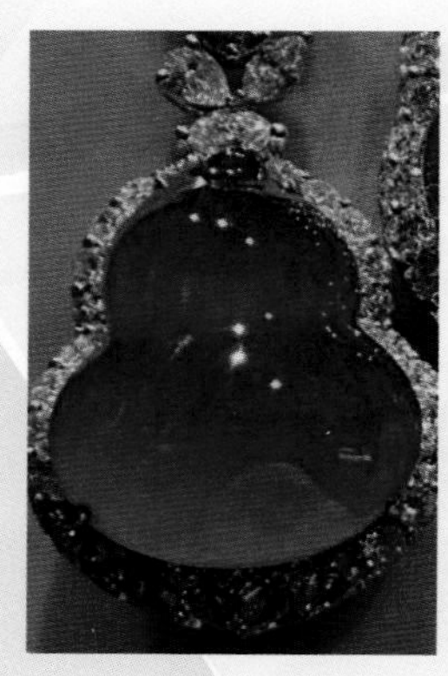
图 1-15　葫芦

的典故）。

辣椒：代表红红火火、一切顺利、心想事成、繁荣昌盛。

仙桃：代表健康长寿、幸福。

玉米：代表金玉满堂、人丁兴旺，以及事业有成。

如意：代表万事如意、心想事成。

龙：代表吉祥、顺利。

三 保健养生

我国一向流传着“人养玉、玉养人”“人养玉三年，玉养人一生”的说法。在古代，人们经常用玉石进行医疗保健、美容养颜、延年益寿。“贵妃含玉”的故事至今为人津津乐道。相传在炎热的夏天，杨贵妃经常在嘴里含一块玉石，它可以消暑，而且还治好了杨贵妃的牙疼，后来，杨贵妃气色也越来越好了。

在我国古代的一些医药典籍里，记载了玉石的药用价值。比如，在《本草纲目》中，记载了“玉”的性质和用途：

【气味】甘、平、无毒。

【主治】除胃中热、喘息烦满、止渴，屑如麻豆服之，久服轻身长年。润心肺、助声喉、滋毛发，滋养五脏、止烦躁，宜与金、银、麦门冬等同煎服，有益。

【附方】新三。

小儿惊啼：白玉二钱半，寒水石半两，为末，水调涂心下。

面身瘢痕：真玉日日磨之，久则自灭。

在另一部著名的中医药典籍《神农本草经》里，也记载了多种玉石的药用价值，其中“玉泉”最神奇，它就是我们熟悉的“玉液琼浆”里的“玉液”，是指把玉石研磨成粉末后制成的浆液。在古代神话中，神仙经常饮用“玉液琼浆”，凡人如果饮用了它们，就可以成为神仙。

图 1-16　翡翠手链

翡翠中含有一些对人体有益的化学成分，加之人的心理作用，有时能发挥一定的保健养生、美容养颜、修心养性的效果。养生翡翠手链如图 1-16 所示。

四　投资价值

翡翠具有重要的投资价值，能够实现资产保值与增值，特别是高品质的翡翠，因其稀缺性和不可再生性，这种作用尤为明显。因此，许多个人和机构都专门将翡翠作为一种投资工具进行投资，从而获取收益。

第2章

翡翠基础知识

翡翠(见图 2-1)鉴赏涵盖两个核心内容: 一是“鉴别”，二是“欣赏”。“鉴别”是指辨别翡翠的真伪，“欣赏”则是指品鉴翡翠的质地与美感。要想精通这两个方面，必须掌握一些翡翠的基础知识，那么核心问题是，真正的翡翠具备哪些特性呢？这涉及三部分内容，也可以称为翡翠的三大基本要素，具体包括：翡翠的化学组成、翡翠的显微结构，以及翡翠的基本特性。

图 2-1　翡翠

翡翠的化学组成

关于翡翠的化学组成，可以分别从化学元素组成和矿物组成两个方面来了解。

一 化学元素组成

翡翠中包含的化学元素的种类比较多。按照含量的多少，可以把它们分为主要元素和次要元素：主要元素的含量比较多，次要元素的含量比较少。

翡翠里的主要元素有钠（Na）、铝（Al）、硅（Si）、氧（O）等。

翡翠里的次要元素有铬（Cr）、钙（Ca）、铁（Fe）、镁（Mg）、锰（Mn）等，它们的含量比较少，有的资料里也把它们叫作微量元素。虽然微量元素在翡翠里的含量比较少，但是，有时候，它们对翡翠品质和价值的影响却很大，后面我们会进行详细介绍。

在不同的翡翠里，化学元素的组成情况基本上都不同，所以翡翠的品质和价值也经常互不相同。

二 矿物组成

在初中《化学》课本里，我们学过“纯净物”这个概念：在自然界里，各种化学元素形成了成千上万种纯净物，每种纯净物都有自己的分子式，比如 SiO_2、$CaCO_3$ 等。

“矿物”这个词是矿物行业中的一个基本概念，它指的是由地质作用形成的天然单质或化合物，也就是化学中所讲的“纯净物”。

所以，我们可以认为，“矿物”近似于化学中的“纯净物”，但是它们也有区别，因为矿物是天然形成的，里面经常含有一些杂质，所以并不是理想的纯净物。

在矿物学领域，人们给每种矿物都起了专门的名称。比如，我们熟悉的金刚石就是一种矿物的名称，它的分子式是 C；刚玉也是一种矿物的名称，它的分子式是 Al_2O_3；石英也是一种矿物的名称，它的分子式是 SiO_2。

在翡翠里，含有多种矿物，其中最常见的一种叫硬玉，所以人们经常把翡翠叫作硬玉（这也是翡翠常被叫作硬玉的一个原因，还有一个原因，后面会介绍）。硬玉矿物的分子式是 $NaAl[Si_2O_6]$，它是一种硅酸盐化合物，人们经常把它叫作硅酸铝钠。

另外，翡翠里还经常含有其他矿物，如钠铬辉石、绿辉石、钠长石、角闪石、铬铁矿、褐铁矿等。

在不同的翡翠里，矿物的组成情况经常不同，所以翡翠的品质和价值也经常不同。

翡翠的显微结构

我们知道，材料的性质既与其化学组成有关，也与其显微结构（也称为微观结构）密切相关。显微结构指的是材料内部原子的排列方式。有一个我们非常熟悉的例子，就是金刚石和石墨——它们具有相同的化学元素，即都是由碳元素构成的。然而，由于它们的显微结构不同，导致了它们在许多性质上存在极大的差异，同时也使得它们的价格有显著差别。

一　材料的显微结构

1. 晶体和非晶体

我们知道，材料是由原子组成的。在有的材料里，原子按一定的顺序规则排列，人们把这类材料叫晶体，如图 2-2 所示。金、银、铁等金属，以及钻石、水晶等宝石都是晶体。

在有的材料里，原子则混乱排列，没有规则，人们把这类材料叫非晶体，如图 2-3 所示。我们所熟悉的玻璃就是一种非晶体。

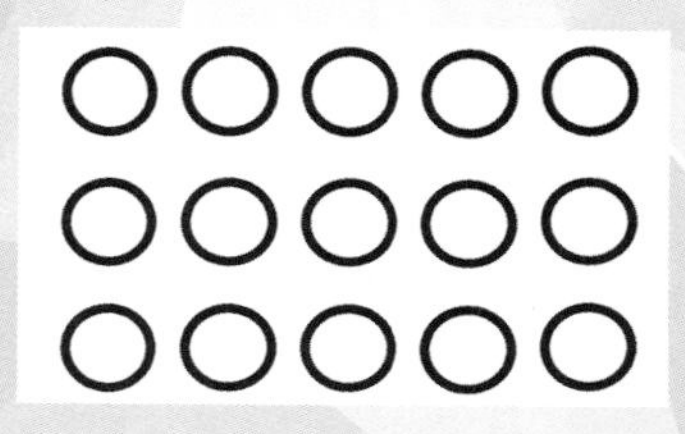

图 2-2　晶体的原子排列示意图

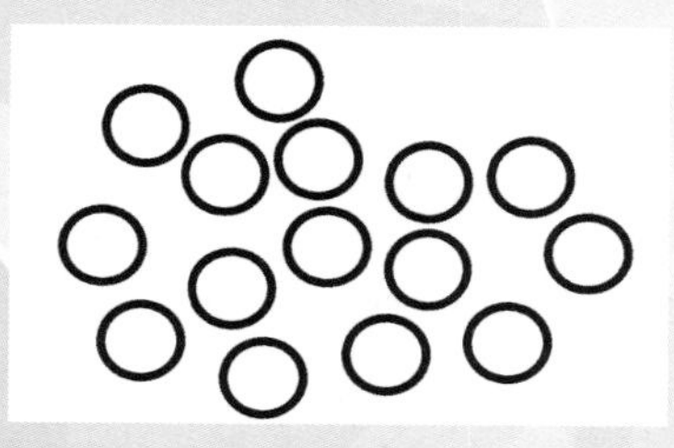

图 2-3　非晶体的原子排列示意图

2. 单晶体和多晶体

晶体可以分为两种类型：一种叫单晶体，另一种叫多晶体。在单晶体里，所有的原子都按相同的方向排列，如图 2-4 所示。石、水晶就是单晶体。

在多晶体里，有很多个小的单晶体，也就是说，多晶体是由若干单晶体组成的。人们把这些小单晶体叫作晶粒，晶粒互相之间的分界面叫晶界。在每个晶粒里，原子都按相同的方向排列，而晶粒互相之间的原子排列方向不一样，如图 2-5 所示。翡翠就是一种多晶体。另外，其他很多玉石，如和田玉、岫玉等也是多晶体。

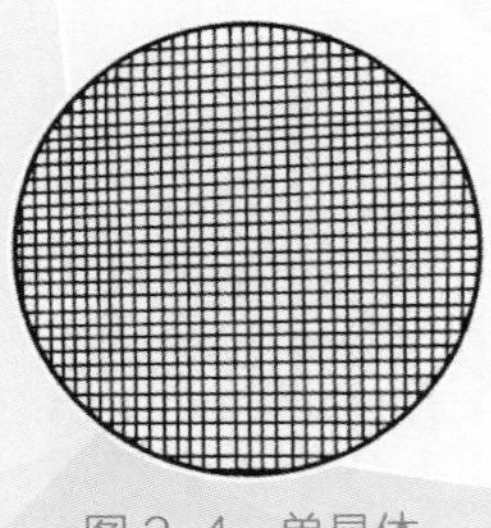
图 2-4　单晶体

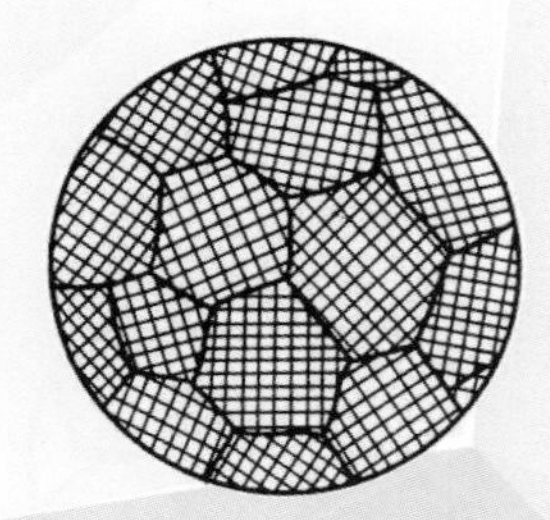
图 2-5　多晶体

二 翡翠的显微结构——“种”

1. 翡翠的“种”的含义

我们查阅翡翠的资料或者听翡翠商家介绍时，经常会看到或听到“种”这个字，以及和它有关的很多行话，比如，“种好”“种差”“种老”“种嫩”“外行看色，内行看种”“种差一分，价差十倍”……听到这些，很多人感觉很迷惑，甚至很神秘，不明白到底是什么意思。

那么，“种”到底是什么意思呢?

实际上，这个概念并不复杂：在翡翠行业中，“种”这个词具有两种含义。“种”的第一种含义是指翡翠的显微结构，有时也被称作质地。

人们习惯将翡翠的显微结构简称为“种”。“种”的第二种含义表示种类、品种，这个含义我们在下一章会详细介绍。

2. 翡翠的“种”的重要性

下面我们介绍“种”的第一种含义——翡翠的显微结构。

如前所述，所有材料的显微结构对其性质都有显著影响，翡翠也不例外——它的显微结构，即所谓的“种”，对翡翠的多种性质都有重要影响，因此也会影响翡翠的品质和价格。

为什么翡翠的“种”如此重要呢?

让我们来进一步了解一下。 正如之前提到的，翡翠是一种多晶体材料。科学家们很早就发现，多晶体有多种类型，其中一些多晶体内部的晶粒尺寸较大，而另一些则晶粒尺寸较小，如图 2-6 所示。

图 2-6　多晶体的晶粒大小

一般来说，晶粒的尺寸越细小，整块多晶体的性能就越好，比如密度会更大、重量更重，硬度也更高、韧性更好，耐腐蚀性也更好；颜色也会更纯正、鲜艳，光泽更强，看起来更明亮。反之，如果晶粒的尺寸比较大，在多数情况下，整块多晶体的性能就比较差：密度低、重量轻，硬度低、韧性差，耐腐蚀性也差，颜色看着比较淡，光泽也比较弱，看起来不亮。

为什么会这样呢?

因为，如果晶粒的尺寸小，在多数情况下，它们之间的空隙就比较小、少，排列比较致密。所以，整块多晶体的密度大、重量重，而且外面的杂质不容易渗透到多晶体的内部，使多晶体的耐腐蚀性能比较好，耐久性好，不容易变质。

当光线照射到这种多晶体的表面后，不容易发生散射、损失少，所以颜色会显得纯正、鲜艳，光泽更强，看起来感觉会更亮。

另外，在这种多晶体里，原子之间的距离比较小，所以互相之间的结合力就比较大，整块多晶体的硬度就更高、耐磨性更好，耐久性更好，韧性也更好。

翡翠行业的人发现，不同的翡翠，晶粒大小不一样，有的晶粒比较细小，而有的晶粒比较粗大。由于晶粒细小的翡翠性质更好，所以人们就说这样的翡翠“种好”或“种老”或“有种”，如图 2-7 所示。

反之，由于晶粒粗大的翡翠性质较差，人们就说它们“种差”或“种嫩”或“没种”，如图 2-8 所示。

图 2-7　种老的翡翠

图 2-8　种嫩的翡翠

“种”对翡翠的品质影响很大：种好的翡翠品质更好，价值更高；种差的翡翠品质差，价值就会低。因此，翡翠行业的专业人士对“种”特别重视，于是才有了前面那些行话。

上面所说的“晶粒尺寸小、细小，排列致密”，在有的资料里也说成“质地细腻、致密”“晶粒尺寸大、粗大”，在有的资料里也说成“质地粗糙”或“疏松”等类似的话，大家看到后，只要明白它们的基本意思相同就可以了。

三 翡翠的“翠性”

图 2-9 翡翠的“翠性”

当翡翠的晶粒尺寸比较大时，可以看到表面有很多闪闪发亮的小片。在翡翠行业里，人们把这种现象叫作“翠性”。因为那些小片的样子和苍蝇翅膀很像，所以人们也常叫作“苍蝇翅”，如图 2-9 所示。

这些发亮的小片就是晶粒反射光线形成的。

在各种玉石里，只有翡翠具有这种现象，其他玉石都没有，所以人们经常把它作为鉴别翡翠真假的一种依据。

但是，需要指出的是：只有晶粒尺寸较大的翡翠，也就是“种”比较差的翡翠，才容易看到翠性；而晶粒尺寸较小的翡翠，即“种”比较好的翡翠，不容易看到翠性。所以只能用它鉴别“种”比较差的翡翠，不能鉴别“种”比较好的翡翠。

翡翠的基本性质

翡翠的基本性质包括光学性质、力学性质、热学性质、化学性质等。

一 光学性质

光学性质包括颜色、透明度、光泽、折射率、荧光等。

1. 颜色

提到翡翠，很多人认为它的颜色是绿色的。确实，很多翡翠是绿色的。只是除了绿色外，翡翠还有其他多种颜色，比如无色、白色、蓝色、黄色、红色、紫色、黑色等。

为什么翡翠的颜色有多种呢？原因就是前面介绍的：这是由翡翠的化学组成和显微结构决定的。下面介绍几种常见的颜色及它们的形成原因。

（1）白色或无色。当翡翠的化学组成以硬玉矿物为主，里面的铬、铁、锰等元素的含量特别少或完全没有时，翡翠就是白色或无色透明的，如图 2-10 所示。到底是白色还是无色透明，和翡翠的显微结构有关系。

（2）绿色。当翡翠里含有较多的铬元素时，翡翠就是绿色的，如图 2-11 所示。其他的元素含量一定时，铬元素的含量越高，绿色越深。

（3）蓝色。当翡翠里含有二价铁离子 Fe^{2+} 时，翡翠就是蓝色的，如图 2-12 所示。Fe^{2+} 的含量不同，蓝色的深浅也不一样：含量越多，蓝色越深。

（4）黄色或红色。当翡翠里含有三价铁离子 Fe^{3+} 时，翡翠就是黄色或红色的，这种翡翠就叫“翡”，黄色的叫“黄翡”，红色的叫“红翡”，如图 2-13 所示。Fe^{3+} 的含量较少时，翡翠是黄色的，Fe^{3+} 的含量较多时，翡翠就是红色的。

图 2-10　白色翡翠

图 2-11　绿色翡翠

图 2-12　蓝色翡翠

图 2-13　黄翡

图 2-14　紫色翡翠

（5）紫色。如果翡翠里含有锰（Mn）元素，翡翠就是紫色的，如图 2-14 所示。紫色深浅不一，和锰的含量有关，锰含量越多，紫色越深。

（6）黑色。有的翡翠的颜色是黑色的，如图 2-15 所示。

图 2-15　墨翠

这种翡翠形成的原因比较多，常见的有下面几个。

①有的翡翠里含的铬元素太多，导致绿色太深、太浓，看起来就是黑色的。

②有的翡翠里含的二价铁离子太多，导致蓝色太深、太浓，看起来也

是黑色的。

对这两种翡翠，如果对着阳光看，或者用强光手电照射观察，可以看到它们本来的颜色，即实际是绿色和蓝色的。

③有的翡翠里含有较多杂质，比如一些矿物，如角闪石、钠长石、沸石等，它们会使翡翠的颜色呈现黑色，而且这是真正的黑色，和前两种黑色不一样。

（7）偏色。如果翡翠里同时含有两种或多种致色元素，这些翡翠的颜色就会是偏色。比如，如果同时含有铬和二价铁离子 Fe^{2+}，翡翠就是蓝绿色的；如果同时含有铬和三价铁离子 Fe^{3+}，翡翠就是黄绿色的。

2. 透明度或“水头”

透明度是翡翠的一种重要的光学性质，在翡翠行业里，人们常用“水”或“水头”表示翡翠的透明度。如果翡翠的透明度高，人们就说它“水头好”或“水头足”“水头长”等，如果翡翠的透明度低，人们就说它“水头差”“水不足”或“发干”“干”等，如图 2-16 所示。

图 2-16　翡翠的水头（左：水头足；右：水头差）

人们用强光手电照射翡翠，这其中的一个目的就是了解翡翠的水头：光线照得越远，说明水头越好，如图 2-17 所示。

翡翠行业的人经常提到两个名词：起冰和起胶。它们都和水头有关。

起冰：指翡翠看起来像冰一样通透。

起胶：指翡翠看起来和胶一样，或者和果冻的透明度一样。

图 2-17　强光照射翡翠

3. 光泽

翡翠的光泽是指翡翠的表面反射光线。反射的光线越多，光泽越强，看起来就越亮，如图 2-18 所示。

反之，如果反射的光线比较少，光泽就弱，看起来就比较暗淡。

翡翠的光泽越强，品质越好，价值越高。所以，工厂在制作翡翠制品时，产品的形状加工好后，还需要进行抛光，抛光的目的是把产品表面加工得非常光滑，这样就可以反射更多的太阳光线，光泽就会增强，看着就显得很亮。如果不抛光，产品表面凹凸不平，光线照射到表面后，光线会发生散射，光线损失很多，反射的光线就比较少，光泽就不强，看着也不亮。

图 2-18　翡翠的光泽

喜欢玉石的人常说“人养玉，玉养人”，其中的“人养玉”，就是玉石佩戴一段时间后，会显得更通透、更亮。这种说法有一定的道理：因为翡翠在佩戴之前，表面会存在很多微小的凹坑，内部也经常有一些微小的空洞、裂纹。光线照射到表面的凹坑后，一部分光线会发生散射，这样发生透射和反射的光线都会减少，翡翠的水头看起来就不太好，光泽也不太强。佩戴一段时间后，人身体分泌的油脂、汗液会渗入到翡翠的凹坑和微孔、裂纹中，把它们填平，这样透射和反射的光线都会变多，翡翠的水头和光泽就会得到提高，也就是越来越通透、越来越亮。

喜欢玉石的人还经常会提到一个词——“包浆”。也就是说，如果经常抚摸翡翠，也就是“盘玉”，时间长了，翡翠的表面会产生一层发亮的透明物质，人们把它叫“包浆”。

包浆是怎么形成的呢?

可以认为，包浆是由三部分化学成分构成的：首先是人体分泌的汗液、油脂等；其次是翡翠表面被摩擦下来的一些粉末；最后是环境中的一些物质，比如空气中的灰尘、液滴、各种挥发物等。所有这些化学成分堆积在翡翠的表面，在人的体温和太阳光的作用下，发生复杂的化学反应，最后形成了包浆。

包浆的表面很光滑，所以光泽比较强。

需要说明的是，“人养玉”和包浆对翡翠的光泽和水头的提升作用是有限的、辅助性的，因为翡翠的光泽和水头从根本上来说，主要还是取决于翡翠自身的化学组成和显微结构。如果化学组成和显微结构使得翡翠的光泽和水头特别差，是很难通过佩戴、盘玩使它们得到质的提高。

4. 折射率

折射率是珠宝鉴定中最常使用的指标之一，因为从理论上说，每种材料都有自己的折射率，假珠宝和真珠宝的折射率不同。测出待鉴定样品的折射率，然后查出真翡翠的折射率，两者进行对比，就可以在一定程度上判断出真假。当然，折射率不是唯一的判断标准，为了提高鉴别的准确性和可靠性，一般还需要测试其他的项目，相关内容在后面的章节中会有介绍。

翡翠的折射率在 1.65~1.67 之间。

图 2-19　翡翠的荧光

5. 荧光

有的翡翠会发出荧光，在翡翠行业里，常把这种现象叫起荧，如图 2-19 所示。

这种现象是由于光线的折射形成的，当翡翠的水头比较好、表面加工成圆弧形、再进行抛光后，就容易看到。

二 力学性质

翡翠的力学性质包括硬度、韧性和脆性、密度等。

1. 硬度

在珠宝行业里，人们用一种叫“摩氏硬度”（有的资料里写为“莫氏硬度”）的方法表示珠宝的硬度。这个方法是一个叫菲特烈 · 摩斯（F. Mohs）的德国矿物学家在 1822 年提出的：他找了 10 种矿物，分别用它们作为标准，提出 10 个硬度等级，然后用这 10 个等级表示所有物质的硬度。其中，等级越高，表示硬度越高。

表 2-1 是摩氏硬度的代表性矿物和硬度等级。

表 2-1　摩氏硬度的代表性矿物和硬度等级

矿物	金刚石	刚玉	托帕石	石英	长石
摩氏硬度	10	9	8	7	6
矿物	磷灰石	萤石	方解石	石膏	滑石
摩氏硬度	5	4	3	2	1

翡翠的摩氏硬度是 6.5~7.5，和石英、水晶、玛瑙相当。我们熟悉的普通玻璃的摩氏硬度是 5.0~5.5，钢锯是 6.5~7.0，铜是 3.0，和田

玉是 6~6.5。翡翠的硬度比玻璃和和田玉都高，可见，它的硬度很高，这也是“硬玉”这种矿物，以及翡翠也被叫作硬玉的名字的来源。

在缅甸、云南等地，一些卖翡翠的人，为了向顾客证实自己的产品是翡翠，经常用翡翠在一块玻璃上面划，可以看到，玻璃上出现了一道道划痕，但翡翠却保持原状，原因就是翡翠的硬度比玻璃高。

2. 韧性和脆性

材料的韧性是指受到外力的撞击时不发生断裂的能力。脆性可以认为是韧性的反义词：韧性越好，脆性越低；韧性越差，脆性越大。

翡翠的硬度虽然很高，但是韧性却很低，或者说脆性很大。所以，翡翠特别害怕碰撞、摔打、掉落，遇到这些情况时，容易发生折断、碎裂，需要小心。

3. 密度

密度也叫比重。翡翠的密度是 3.30~3.36 克 / 立方厘米。普通玻璃的密度大约是 2.50 克 / 立方厘米，所以翡翠的密度比玻璃大很多，如果用手掂量，会感觉翡翠沉甸甸的，有压手感。一是因为两者的化学成分不一样，二是因为翡翠是多晶体，晶粒排列致密，而玻璃是非晶体，显微结构相对比较疏松。

通过测量密度，也可以鉴别用玻璃仿冒的假翡翠。

三 热学性质

翡翠的热学性质包括熔点、导热性、耐热性等。

1. 熔点

翡翠的熔点是 1000℃左右，黄金的熔点是 1064℃左右，铜的熔点是 1083℃左右，铝的熔点是 660℃左右。通过这几种材料的比较，可以发现，翡翠的熔点不算高。

2. 导热性

由于翡翠是多晶体，原子排列致密，所以导热性比较好，比普通的石头、玻璃都好。如果用手抚摸翡翠，会感觉它是凉的，刚佩戴翡翠首饰时也会感觉比较凉。

如果用玻璃假冒翡翠，抚摸时会感觉比较温，所以可以通过抚摸或使用专用的测试仪器，鉴别用玻璃仿冒的假翡翠。

3. 耐热性

翡翠的耐热性比较差，既怕冷又怕热，平时佩戴和保养时都需要注意。

这是因为翡翠的绝对导热性比较差。比如，如果把一个翡翠手镯放在热水里，它表面的温度会升高，但是由于它导热性差，内部的温度仍很低。表面温度高，体积会发生膨胀，挤压内部，手镯里面就容易产生裂纹，时间长了就容易断裂。

在夏天，如果把翡翠放在冰水或冰箱里，它表面的温度会降低，体积发生收缩，拉伸内部，里面也有可能产生裂纹。

当然，如果温度差别不大，发生上面情况的概率也并不大，但是为了保险，应该尽量避免让翡翠的温度发生剧烈的变化。

四 化学性质

翡翠的化学性质比较稳定，不容易发生氧化、变质；耐腐蚀性比较好，不容易被生活中常见的普通物质（如汗液、油污、洗涤剂、化妆品等）腐蚀；在常温下也不容易发生分解。因此，从这个角度考虑，翡翠的耐久性比较好。

第3章

翡翠的品种

上一章提到，在翡翠行业中，“种”这个术语有两种含义：第一种是指显微结构，第二种是指种类或品种。本章我们将介绍“种”的第二种含义。

翡翠的种类或品种繁多，人们通常会根据不同的标准对其进行分类。常见的分类方法包括根据品质、颜色、种类（或“种”）、底子等特征进行划分。

鉴于上一章已经对翡翠的常见颜色进行了介绍，本章就不再赘述。

第1节 老坑种和新坑种

按照品质，翡翠可以分为“老坑种”翡翠（有时也简称老坑翡翠）和“新坑种”翡翠（有时也简称新坑翡翠）两大类。

一 “老坑”和“新坑”

要想理解“老坑种”翡翠和“新坑种”翡翠的区别，首先需要了解“老坑”和“新坑”的概念。

简而言之，“老坑”指的是早期开采的翡翠矿，至今已有较长时间，因此称为“老坑”；而“新坑”则是指近期开采的翡翠矿，时间相对较新，因此称为“新坑”。

接下来，我们详细探讨老坑和新坑的特点。

众所周知，翡翠是一种矿石，原本形成于山脉之中。部分翡翠矿石因自然力的作用，如风化、雨蚀、山洪暴发、地震等，可能从山上滚落至山脚。如果山脚下存在河流，一些翡翠矿石也可能随之滚入河中。

人类在河流附近活动较为频繁，缅甸人自然也不例外，因此，最早的翡翠矿石是在河流中被发现的。当时，一些河流中有水流，一些则已干涸，仅留下河床。在河流或河床及其附近发现翡翠矿石后，人们便开始进一步的开采活动，从而形成了翡翠矿。

随着人类活动范围的扩展，人们越来越多地进入山区，并在山上也发现了翡翠矿，进行了开采。由于河流或河床中的翡翠矿较早地被开发，因此被称为“老坑”。在缅甸，“坑”指的是矿场，因此老坑也被称作老场或老场口。由于老坑中的翡翠大多来自河流，它们也被称作水石。

相对地，山上的翡翠矿较晚被开发，因此被称为“新坑”，亦称新场。新坑中开采的翡翠被称为山石或山料。

二 “老坑种”翡翠和“新坑种”翡翠

了解了“老坑”和“新坑”的概念之后，我们再来探讨“老坑种”翡翠与“新坑种”翡翠的区别。

一般来说，当翡翠原石滚落至河中后，会经历漫长的岁月。在此期间，翡翠原石会受到河水、河水中的泥沙和石块的持续作用，包括冲刷、碰撞、摩擦和侵蚀等。随着时间的推移，那些质地疏松、不够坚固的翡翠原石会逐渐被冲刷和磨损，最终转化为泥沙并消失，也就是被大自然所淘汰；而那些质地致密、性质坚韧的翡翠原石能够承受自然界的考验，从而得以保存下来。

图 3-1　老坑种翡翠

因此，从老坑中开采出的翡翠原石，其品质优良的比例相对较高。

最初，人们将从老坑中开采的翡翠统称为“老坑种”翡翠，如图 3-1 所示随着时间的推移，“老坑种”翡翠逐渐成为高品质翡翠的代称。在翡翠行业中，人们普遍认同“老坑种”翡翠是指品质上乘的翡翠。在该行业中，品质上乘的翡翠也常被称作“高货”。

新坑中的翡翠原石一直位于山上，因此受到的自然作用相对较少。由于这个原因，质地较差的原石被淘汰的数量有限，因此得以保留。相应地，从新坑开采的翡翠原石中，质量较差的比例较高，而质量上乘的比例相对较低。

最初，人们将从新坑中开采的翡翠统称为“新坑种”。随着时间的流逝，“新坑种”逐渐成为品质较低翡翠的代称。如今，在翡翠行业中，“新坑种”翡翠普遍指代那些品质相对较差的翡翠，如图 3-2 所示。

图 3-2　新坑种翡翠

基于上述原因，大家就能理解这样一个现象：几乎所有销售翡翠的商家都会声称自己的翡翠是“老坑种”，而很少有人会宣称自己的翡翠是“新坑种”。

除了“老坑种”翡翠和“新坑种”翡翠之外，还有一种被称为“新老种”的翡翠，也有“山流水”或“半山半水石”的叫法。这种翡翠是从山上滚落至山坡、山谷或山脚，但并未进入河流，许多被埋藏在土壤和石块之下。显而易见，这类翡翠的品质总体上介于“新坑种”和“老坑种”之间。

三 说明

从上面的介绍中，我们可以明确以下几点。

（1）“老坑种”翡翠与“新坑种”翡翠的形成年代并无直接关联。

换句话说，“老坑种”翡翠的形成年代并不一定早于“新坑种”翡翠。这里的“老坑”与“新坑”主要指的是开采时间的先后，而非翡翠形成的年代，其中老坑翡翠的开采时间较早，因此被称为“老坑”。

（2）“老坑料”不等于“老坑种”；同样，“新坑料”也不等于“新坑种”。

“老坑料”指的是从老坑中开采出的翡翠。这些翡翠中既有高品质的，也有品质较差的，但相对来说，高品质翡翠所占的比例较高。因此，“老坑料”可能包含高品质的“老坑种”翡翠，也可能包含品质相对较差的翡翠。这意味着，并非所有“老坑料”都是“老坑种”翡翠，因此，我们说，“老坑料”并不等于“老坑种”。同理，“新坑料”指的是从新坑中开采出的翡翠，它们同样包含不同品质的翡翠，但高品质翡翠所占的比例相对较低。因此，“新坑料”也可能包含“老坑种”翡翠，但更多的是“新坑种”翡翠。因此，我们说，“新坑料”并不等于“新坑种”。综上所述，从“老坑”中开采出来的翡翠不一定都是“老坑种”翡翠，从“新坑”中开采出来的翡翠也不一定都是“新坑种”翡翠。老坑中可能产出“新坑种”翡翠，新坑中也可能产出“老坑种”翡翠。特别是现在，随着老坑经过长期开采，产出的“老坑种”翡翠越来越少。而新坑由于开采时间较短，市场上许多所谓的“老坑种”翡翠实际上是从新坑中开采出来的。例如，翡翠行业中知名的莫西沙、木那等坑口虽然属于新坑，但它们出产的翡翠中有的品质非常高，是典型的“老坑种”翡翠，如图 3-3 所示。

图 3-3　木那坑口出产的老坑种翡翠

按“种”分类

按照“种”（这里的“种”，指翡翠的显微结构）的不同，翡翠可以分为四大类。

一 玻璃种翡翠

顾名思义，玻璃种翡翠看起来就像一块玻璃，清澈透明，水头特别好，光泽也很强，显得很亮，如图 3-4 所示。

图 3-4　玻璃种

可以观察到，由于翡翠的水头很好，其内部的一些瑕疵因此变得非常明显。这种翡翠的“种”非常好，内部的晶粒非常细小，且排列紧密。玻璃种翡翠通常属于老坑种，因此常被称为老坑玻璃种翡翠。玻璃种翡翠的常见颜色为无色透明，但也有带颜色的，其颜色通常非常纯正、鲜艳和明亮。由于玻璃种翡翠的晶粒极为细小，因此一般难以观察到“翠性”（指翡翠的纤维交织结构）。此外，玻璃种翡翠容易出现荧光效应，即在紫外线照射下产生荧光。

在玻璃种翡翠中，有一种特殊的类型，在翡翠行业中被称为老龙种或龙石种。一些资料表明，它之所以得名，是因为产自名为龙河或龙沟的矿场；而另一些资料则称这个名字是由乾隆皇帝所起。

老龙种翡翠是翡翠中的一个珍贵品种，其品质优于普通玻璃种翡翠，主要体现在以下几个方面。

（1）种质更佳，质地更细腻、更致密。

（2）水头更足，光泽更强烈。

（3）通常呈现绿色，颜色纯正且分布均匀。

（4）内部非常纯净，几乎看不到杂质和瑕疵。

（5）具有强烈的荧光效果，给人一种“刚强”的感觉，在翡翠行业中，这种现象被称为“起刚”。

二 冰种翡翠

图 3-5　冰种

冰种翡翠看起来像一块冰，水头很好，光泽比较强，也会产生荧光，如图 3-5 所示。

冰种翡翠的种也很好，质地细腻、致密。

但是，和玻璃种相比，冰种翡翠的种要差一些，晶粒尺寸比较大，所以质地稍粗糙一些，水头差一些，看着有点浑浊，有一些朦胧感，光泽也弱一些。

在市场上，我们经常会听到“正冰种”“高冰种”“白冰种”等说法：“正冰种”指的就是上面提到的普通冰种；“高冰种”的质地比普通冰种要好一些，即种、水更好，光泽更强，如图 3-6 所示；“白冰种”是颜色稍微发白的冰种，种、水头比普通冰种差一些，如图 3-7 所示。

市场上还有人经常提到“水种”，它的质地、水头和冰种相当。

三 糯种翡翠

糯种翡翠也叫糯化种或糯米种。这种翡翠看着像糯米粥一样，可以

图 3-6 高冰种

图 3-7 白冰种

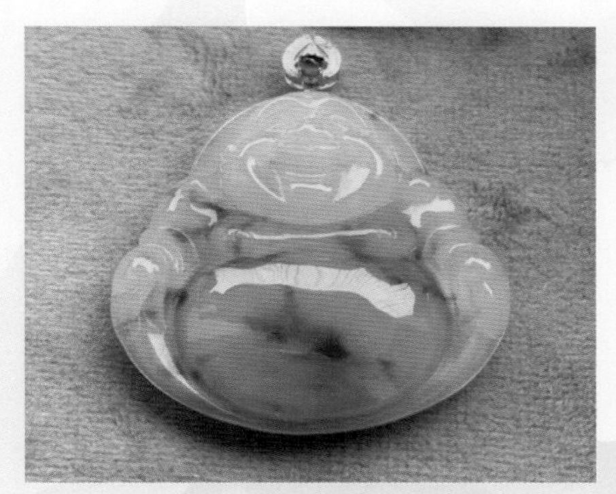

图 3-8 糯种

感觉到里面有很多颗粒，水头不太好，只是微透明，感觉比较浑浊，有一些光泽，如图 3-8 所示。

糯种翡翠的种比冰种翡翠差一些，质地比较粗糙，所以水头比冰种翡翠低很多，光泽也差一些。

市场上有人提到一种“糯冰种”或“冰糯种”翡翠，这种翡翠的种、质地、水头相当于在冰种和糯种之间——比糯种好，比冰种差。

四 豆种翡翠

豆种翡翠看着像有很多豆粒一样，颗粒比糯米大，多数水头很差，基本不透明，光泽也比较弱，如图 3-9 所示。

图 3-9 豆种

豆种翡翠的种比糯种翡翠差，

晶粒更粗大，质地更粗糙。

在这四类翡翠里，豆种翡翠是数量最多的，在市场上很常见。在翡翠行业里，人们常说“十有九豆”，就是这个意思。

另外，不同的豆种翡翠，豆粒的大小也不一样，市场上有“七十二豆”的说法。所以，人们又把豆种翡翠细分为粗豆种、细豆种等。

第3节 按“底”分类

图 3-10　翡翠的底

翡翠的“底”也叫“地”，也是翡翠行业里的一句行话。它指的是翡翠的基底。有人做了一个很形象的比喻：如果把一块翡翠看成一幅画，“底”就相当于那幅画的纸，如图 3-10 所示。

在翡翠行业里，人们根据底（或地）的种、颜色等特征，把翡翠分成了很多种类型，常见的如下。

一 根据底（或地）的种分类

（1）玻璃地：这种翡翠的底（或地）的种是玻璃种，质地细腻，水头很好。

（2）冰地：这种翡翠的底（或地）的种是冰种，质地很细腻，水头也很足，但是比玻璃地翡翠稍差一些。

（3）水地：也叫清水地。这种翡翠的底（或地）的种是水种，和冰地翡翠相当。

（4）浑水地：这种翡翠的底（或地）的种也是水种，但是比普通的水种差，看着像浑水。

（5）蛋清地：这种翡翠的底（或地）的种看起来像生鸡蛋的蛋清，质地、水头和浑水地的相当。

（6）糯化地：这种翡翠的底（或地）的种是糯化种，质地比较细腻，水头较好。

（7）瓷地：这种翡翠的底（或地）的种看着像陶瓷，比如我们平常用的瓷碗或盘子，能看到有很多小颗粒，质地和糯化地相当。

（8）狗屎地：从名字上可以看出，这种翡翠的底（或地）的种很不好，特别粗糙。

二 根据底（或地）的颜色分类

（1）白底青：这种翡翠的底（或地）的颜色是白色，白色基底上带绿色，如图 3-11 所示。

（2）藕粉地：这种翡翠的底（或地）的颜色是粉紫色，如图 3-12 所示。

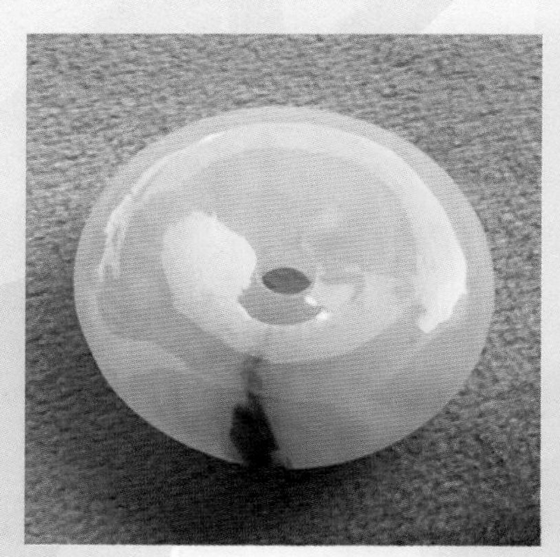

图 3-11　白底青

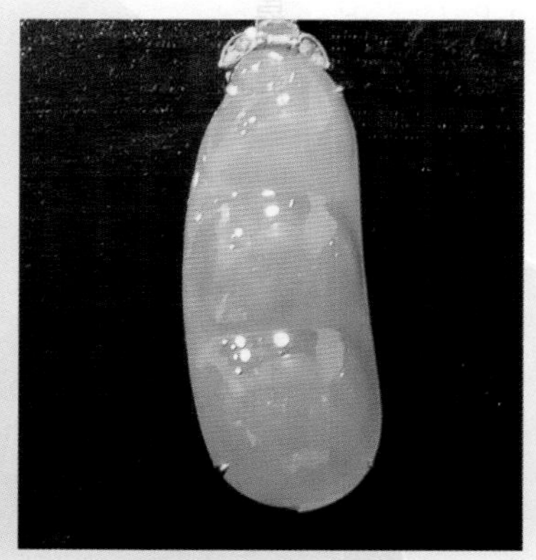

图 3-12　藕粉地

（3）白花地：这种翡翠的底（或地）是白色和其他颜色（如灰黑色）相间，好像有很多白花一样。这种翡翠的种一般不好，质地粗糙，水头差，透明度低。

（4）青花地：这种翡翠的底（或地）一般是白色或灰黑色等，夹杂着一些青色。这种翡翠的种一般不好，质地粗糙，水头差，透明度低。

（5）紫花地：这种翡翠的底（或地）一般是白色或灰黑色等，夹杂着一些紫色。这种翡翠的种一般不好，质地粗糙，水头差，透明度低。

三 根据底（或地）的种和颜色

有时候，人们同时根据翡翠的底（或地）的种和颜色，对翡翠进行分类，常见的有以下几种。

（1）油青地：这种翡翠的底（或地）的颜色是青绿色，底的种相当于糯化种，所以看起来好像有很多细小的颗粒，如图 3-13 所示。

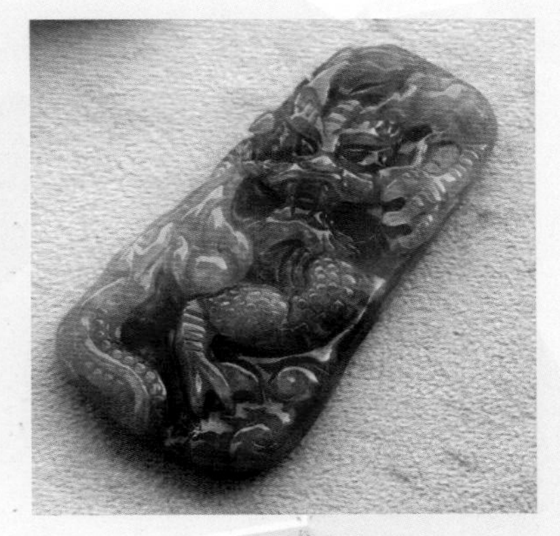

图 3-13　油青地

（2）干白地：这种翡翠的底（或地）的种不好，晶粒比较粗大，水头不好，发干；底的颜色是白色，如图 3-14 所示。

（3）干青地：这种翡翠的底（或地）的种和干白地一样，晶粒比较粗大，水头不好，发干；底的颜色是青绿色，如图 3-15 所示。

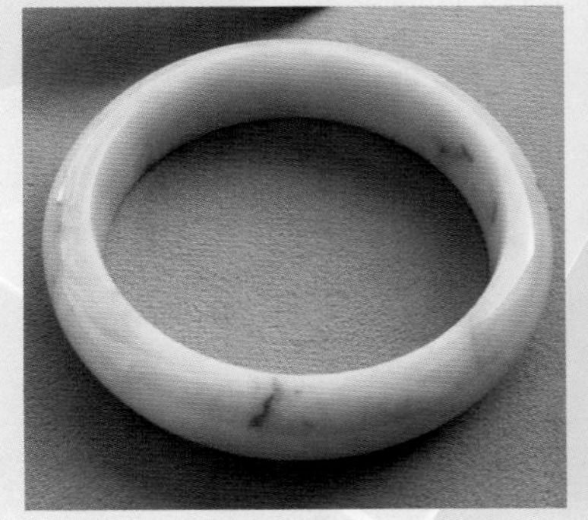

图 3-14　干白地

图 3-15　干青地

根据用途、外观等分类

人们经常根据翡翠的用途、外观等进行分类。

一 根据用途分类

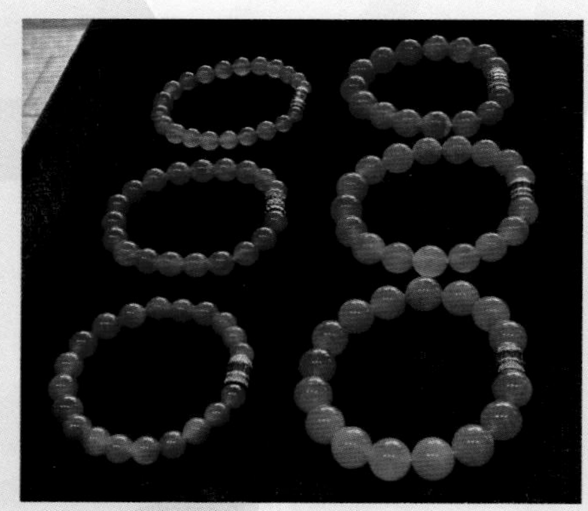

图 3-16 翡翠首饰

这种分类方法我们很熟悉，容易理解，常见的类别如下。

1. 首饰

翡翠首饰（如图 3-16 所示）具体有：手镯、珠链（包括项链、手链等）、吊坠（包括吊牌）、戒指、耳饰、胸饰等。

2. 装饰品

翡翠装饰品常见的有以下几种。

（1）服装，用翡翠做装饰。比如，古代，人们经常在帽子上镶嵌翡翠，或者挂在腰间（形容女子的词“环佩叮咚”就来源于此）。

（2）钟表，用翡翠做装饰。

（3）家具，用翡翠做装饰。

3. 手把件

手把件也叫把件，是指平时拿在手里把玩、盘玩的翡翠，比如古代的玉如意。

4. 摆件

摆件是指作为工艺品，摆设在桌子上、橱柜里、地面上等供人欣赏的翡翠，如图 3-17 所示。

5. 实用物品

实用物品如清代用翡翠制作的餐具、容器等。

（广东省玉石雕刻大师赵哲作品《智圣出山》）

图 3-17　翡翠摆件

二 根据外观分类

根据外观，翡翠可以分为雕花件（也叫花件或雕件）和光身件（也叫素面光身件或素件）两大类。

（1）雕花件：指翡翠的表面进行了雕刻，加工了各种图案、花纹等，如图 3-18 所示。

图 3-18　雕花件

（2）光身件：指翡翠的表面没有进行雕刻，如图 3-19 所示。光身件分为两种：刻面和弧面（也叫蛋面或素面）。刻面是指翡翠的表面是平面。

弧面是指翡翠的表面是圆弧形的，如图 3-20 所示。

图 3-19　刻面光身件

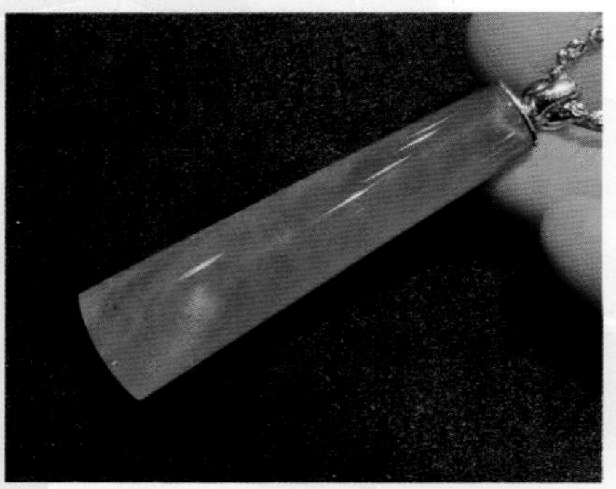

图 3-20　弧面光身件

复合分类法

有时候，人们综合使用多个特征，对翡翠进行分类和命名。

一 根据种和色分类

根据种和色对翡翠进行的分类，常见的有以下几种。

豆青种：也叫豆青地。这种翡翠的种是豆种，颜色是青绿色，如图 3-21 所示。

图 3-21 豆青种

清水种：这种翡翠的种是水种，颜色为无色。

绿水种：这种翡翠的种是水种，颜色为绿色。

青水种：也叫青水地。这种翡翠的种是水种，颜色为青绿色。

蓝水种：这种翡翠的种是水种，颜色为蓝色。

紫水种：也叫紫水地。这种翡翠的种是水种，颜色为紫色。

灰水地：这种翡翠的种是水种，颜色为灰白色。

蓝花冰种：这种翡翠的种是冰种，基底颜色为无色，带有絮花状的蓝色，如图 3-22 所示。

细白地：这种翡翠的种相当于糯种，颜色为白色。

白沙地：这种翡翠的种相当于比较粗的糯种或比较细的豆种，颜色为白色。

图 3-22　蓝花冰种

灰沙地：这种翡翠的种相当于比较粗的糯种或比较细的豆种，颜色为灰色。

糙白地：这种翡翠的种相当于比较粗的豆种，颜色为白色。

糙灰地：这种翡翠的种相当于比较粗的豆种，颜色为灰色。

二　根据用途和种、色等分类

有时候，人们综合根据用途和种、色等对翡翠进行分类，比如，冰种手镯、玻璃种戒面、玻璃种项链、糯种手镯、紫罗兰吊牌、墨翠吊牌等。

总的来说，翡翠的分类和命名主要由矿主、贸易商、加工者等业内人士进行，他们往往根据自己熟悉的物品来命名，这种方式的优点在于形象直观、贴切易懂，且无需深入的理论基础，因此较容易被人们所理解和接受。然而，它的缺点在于缺乏系统性和严谨性。在本章中，我们仅介绍了一些较为常见的翡翠种类。当大家查阅资料或上网时，可能会遇到更多种类和不同的名称、叫法，面对这些，只要依据本章介绍的方法和思路去理解，或者进一步查阅相关资料，应该能够较容易地把握其含义。

第4章

赌石

许多人可能听说过“赌石”，这一概念在影视剧中也时常出现。在翡翠行业乃至整个珠宝行业中，赌石被认为是一种最神秘、引人入胜且充满惊险刺激的交易方式，吸引着无数人投入其中，并乐此不疲，如图 4-1 所示。多年来，在缅甸以及中国的云南、广东等地，已经逐渐形成了一种独特的赌石文化，它也成为翡翠文化中一个不可或缺的重要组成部分。本章将对翡翠赌石进行介绍。

图 4-1　赌石

第1节 “赌石”的魅力

一 什么是赌石

“赌石”这一术语具有两层含义。首先，它指的是一种翡翠原石，市场上销售的翡翠原石可以分为两类：一类是已经切开的原石，其内部的翡翠清晰可见。在翡翠行业中，这种原石被称为“明料”或“明货”，如图 4-2 所示。购买方可以根据这些原石的品质、尺寸等因素直接确定价格，并进行交易。

图 4-2 明料

另一类原石较特殊：它们尚未被切开。从外观上观察，它们看似与普通石头无异，无人能够确切地知晓其内部是珍贵的翡翠还是仅仅为普通石头。

在翡翠行业中，这种原石被称为“赌石”，也称为“赌货”或“赌料”。由于其内部成色未知，购买方在购买这种原石时必须进行判断，以确定其内部是否含有翡翠，如果认为含有翡翠，还需对其品质进行评估，最终根据这些判断来决定出价。

我们不难想象，购买方在判断原石内部是否含有翡翠时面临着极大的不确定性，这一过程与赌博颇为相似，因此，在翡翠行业中，人们将

图 4-3　赌石原石

这种原石称为“赌石”，如图 4-3 所示。

“赌石”的第二种含义则是指购买这种不确定性原石的行为。

赌石的这两种含义之间的区别是显而易见的。在查阅资料时，结合上下文，人们很容易就能理解文中所指的“赌石”是哪一种情况。

二　赌石的心理分析

翡翠行业里为什么存在赌石这种交易方式呢？

说起来也容易理解——我们分别从卖方和买方的心理来看。

1. 卖方的心理

首先，我们从卖方的角度来看。如前所述，许多翡翠原石在长期的自然作用下，比如河水冲刷和风化等，其表面会逐渐形成一层外壳，使得这些原石在外观上与普通石头难以区分。

在开采翡翠矿时，工人们会将所有的石头一并开采出来。矿主（即卖方）会仔细地研究每一块石头。若判断某块石头内含有翡翠，矿主便会将其切开，作为“明料”进行销售。然而，对于那些矿主研究后认为内部并无翡翠、只是普通石头的原石，他们通常会选择不进行切割。因为一旦切开后发现内部没有翡翠，买方就不愿意购买了。

因此，这类未切开的原石就成为所谓的“赌石”。当然，卖方会声称其内部含有翡翠，希望能够吸引买家，从而实现销售并获得利润。

2. 买方的心理——“自我神话”

有人会好奇：既然买方明知赌石内部可能并不含有翡翠，为何仍愿意购买呢？

答案很简单：无利不起早。赌石的价格较明料低廉得多。由于众所周知赌石内部可能并不含有翡翠，卖方的开价自然低于明料；如果两者价格相同，显然不会有人选择赌石了。此外，买方在购买赌石时也更容易进行砍价。

再者，买方常常受到一种心理效应——“自我神话”的影响。心理学研究指出，人们天生具有一种“自我神话”的倾向，即总认为自己在某些方面比别人更优秀，甚至运气也更佳。在赌石过程中，尽管买方明白“十赌九输”的道理，但许多人仍自信能够超越他人，成为那个例外的赢家。因此，尽管历史上有无数人因赌石而亏损，但仍有源源不断的人愿意投身其中。

最终，买方期望能以较低的价格购得翡翠原石，并从中获得比购买明料更高的回报。因此，正是由于卖方和买方之间的这种博弈，赌石作为一种交易形式得以持续流行。它似乎具有一种神奇的魅力，不断地吸引和诱惑着人们，令无数人为之倾倒、痴迷。

三 赌石的魅力

我们都知道，当前科学技术的发展速度极为迅猛，可以说是一日千里。然而，即便在今天，也尚未有一种技术或仪器能够穿透赌石，让人一窥其内部情况。买方仅能依据赌石的外壳来推测其内部情形，但由于外壳与内部的联系极其复杂，要想作出准确的判断非常困难。在翡翠行业中，人们已多次目睹这样的情况：一些外表不起眼的赌石，没人看好，结果却开出价值连城的高品质翡翠；而一些外观诱人的赌石，众人看好，切开后却发现品质平平，令人大失所望；还有的赌石，在不同部位的品质差异巨大。

因此，在翡翠行业里流传着“神仙难断寸石”的说法。赌石的最大特点就是其具有极强的不确定性，结果往往难以预料。参与者往往会在短时间内体验到极端的情绪波动，他们的心理和生理都将面临严峻的考验，如图 4-4 所示。

图 4-4　翡翠原石市场

在翡翠界，有句行话：“赌石如赌命。”这是因为赌石往往涉及巨额的财产风险，其结果可能深刻地影响一个人的财富、未来人生甚至生命。它可以让人一夜暴富，也可以让人瞬间一贫如洗，最糟糕的情况，甚至可能危及生命。“一刀穷，一刀富，一刀披麻布”，这句行话深刻地描绘了赌石者的命运（“麻布”通常与丧事相关）。

有人说，即便是公认的高风险交易，如股票、期货，与赌石相比，也显得温和多了。尽管赌石存在着巨大的风险，但它同样存在着巨大的机遇，这正是赌石吸引人的地方。

有人可能会想：买方在购买赌石时，如果尽可能地压低价格，那么即使切开后发现里面没有翡翠，风险也很小，怎么会有人因此倾家荡产呢?

这种想法乍看之下似乎合理，但我们需要认识到市场上赌石的买家众多，他们之间存在着激烈的竞争。如果出价过低，虽然风险小，但可能根本买不到赌石，自然就没有赚钱的机会。只有出价足够高，才能购得赌石，从而有机会获利，相应地，风险也会随之增加。通常看起来盈利潜力越大的赌石，其价格越高，买家承担的风险自然也越大。

四 赌石的历史

我们熟知的“和氏璧”其实就是一块赌石——它的外表被一层外壳包裹着，其他人都认为它是一块普通石头，但卞和却赌定其内部藏有美玉，最终他确实赌赢了。一些资料认为，和氏璧实际上就是一块翡翠。

在清朝乾隆、嘉庆年间，有一位学者名叫檀萃，他著有一书《滇海虞衡志》，记载了当时云南的物产及人们的生活状况。由此可见，当时赌石已经盛行，如果赌赢，便可以“平地暴富”；而最坏的情况是，切开后内外皆为石，导致血本无归。

赌石的方法

经常参与赌石的人士，经过多年的实践和探索，积累并总结出了一些赌石的经验和技巧。依据这些经验和技巧进行赌石，相对来说，获胜的概率较高，从而有可能获利；反之，如果缺乏这些经验和技巧，就容易失败，导致亏损。这一节我们来了解一下这些赌石的方法。

一 赌人

在进行赌石时，首先需要考量的是卖方的人品。所谓“赌人”，即观察卖方是否诚实可信。

实际上，我们都非常清楚：不仅在赌石时需要先评估卖方的人品，我们在平日购买其他物品时，同样需要先对商家的信誉进行判断和了解。常言道“货如其人”，意指卖家的人品往往能够反映其商品的质量。如果卖家本人可靠，那么他所售卖的商品也值得信赖。

在赌石行业中，流传着两句行话：“赌石先赌人”“石头不会骗人，只有人会骗人”。这两句行话的含义浅显易懂，它们强调了在交易过程中对人的判断的重要性。

二 看皮壳的颜色

在赌石过程中，买方仅能依据石头外层的皮壳来推断其内部是否含有翡翠以及翡翠的品质。

业内人士采用的第一种鉴别方法是观察皮壳的颜色。

总体而言，以下几种颜色的赌石内部存在翡翠的可能性较高。

1. 黄梨皮

这种赌石的皮壳的颜色发黄，和黄梨的皮的颜色比较像，如图 4-5 所示。

图 4-5　黄梨皮

2. 老象皮

这种赌石的外壳的颜色是灰白色，而且表面比较粗糙，有一道道皱纹，特别像老象的皮肤，如图 4-6 所示。

人们发现，这种赌石的内部是翡翠的可能性比较大，而且是玻璃种翡翠的概率很大，如图 4-7 所示。

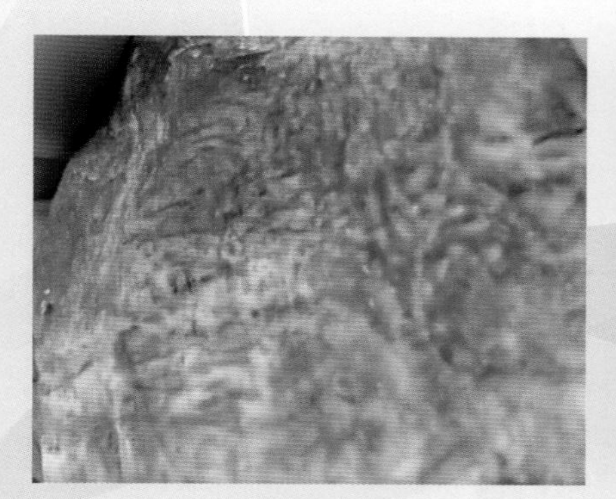

图 4-6　老象皮翡翠皮壳

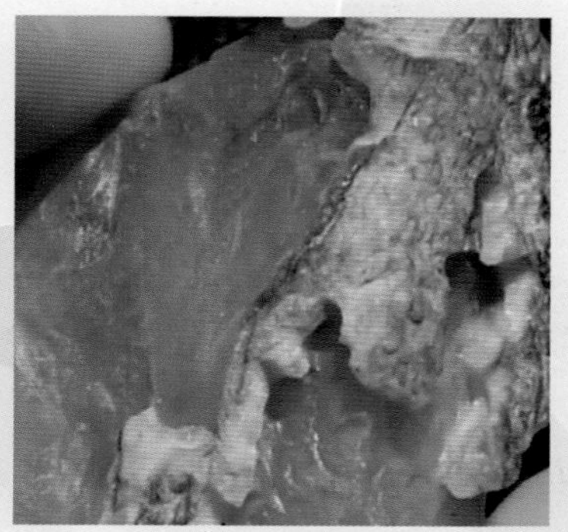

图 4-7　老象皮内部的翡翠

3. 黑蜡皮

这种赌石的皮壳是黑色，而且很光滑，具有比较强的光泽，闪闪发亮，就像蜡一样，如图 4-8 所示。

4. 洋芋皮

这种赌石的皮壳颜色看起来像洋芋，即马铃薯或土豆，如图 4-9 所示。

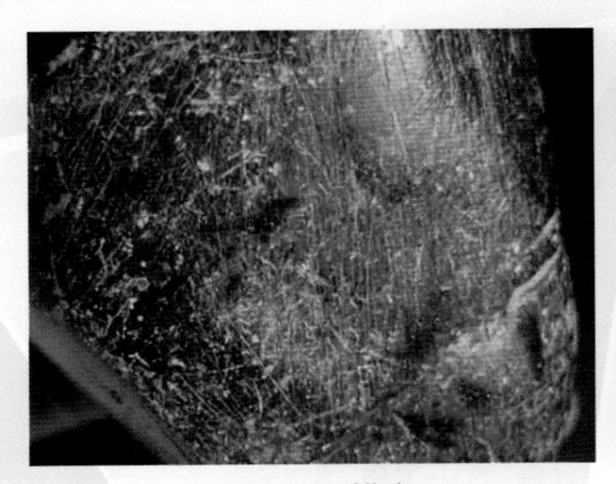

图 4-8　黑蜡皮

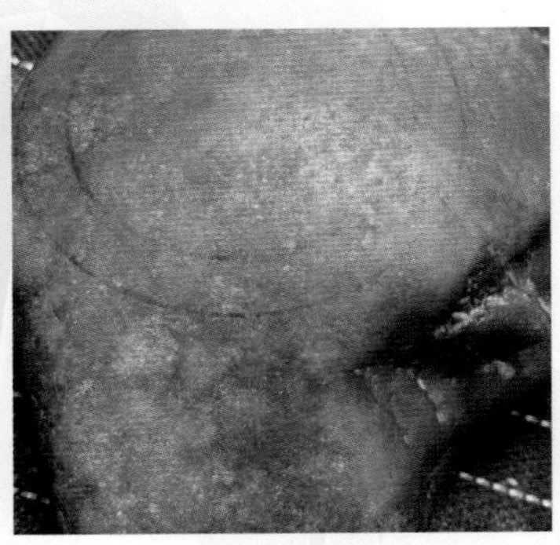

图 4-9　洋芋皮

5. 白盐沙皮

这种赌石的皮壳是灰白色，上面有很多沙粒，看着和盐粒比较像，如图 4-10 所示。

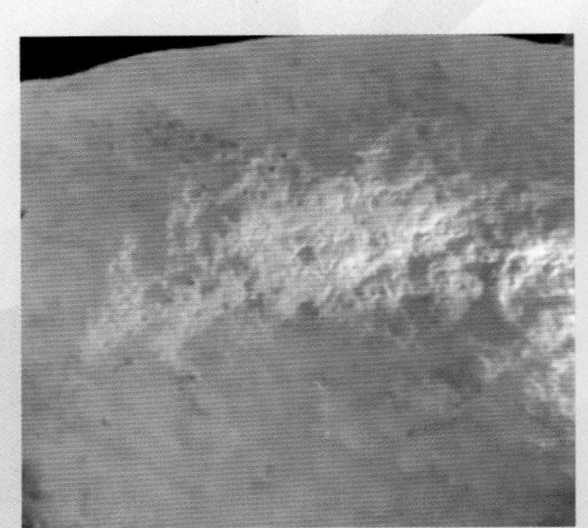

图 4-10　白盐沙皮

6. 黄盐沙皮

这种赌石的皮壳是黄色，上面也有很多沙粒，如图 4-11 所示。

7. 黑乌沙皮

这种赌石的皮壳是黑色，而且发亮，表面也有沙粒，如图 4-12 所示。

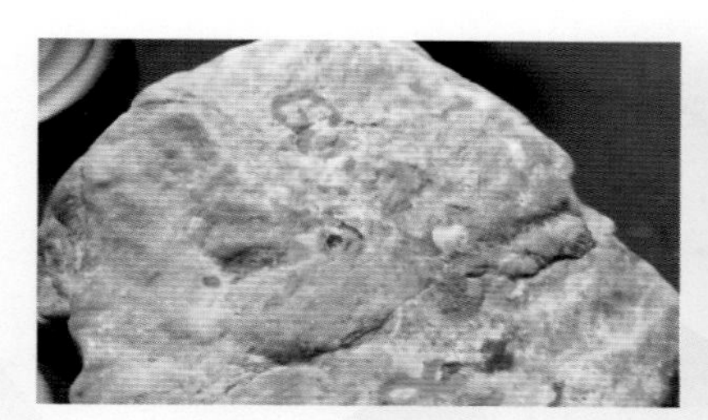
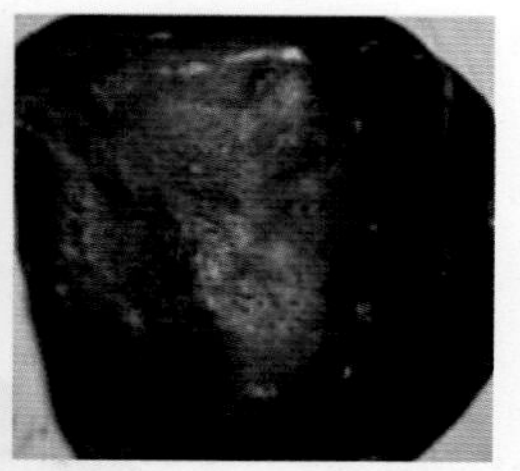
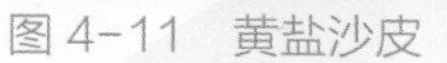

图 4-11　黄盐沙皮　　图 4-12　黑乌沙皮

8. 笋衣皮

这种赌石的皮壳的颜色是黄白色，和笋衣比较像，如图 4-13 所示。

9. 杨梅沙皮

这种赌石的皮壳的颜色发红，看着和杨梅很像，如图 4-14 所示。

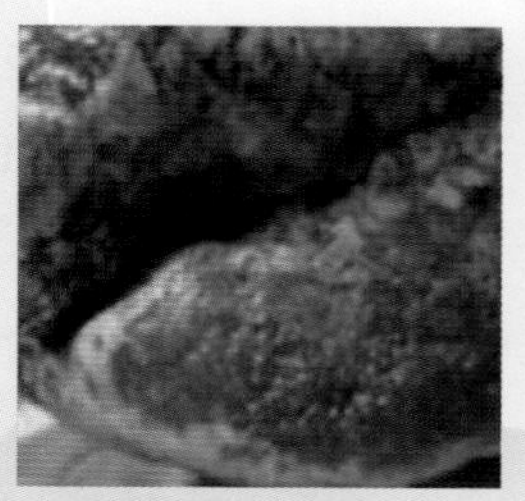
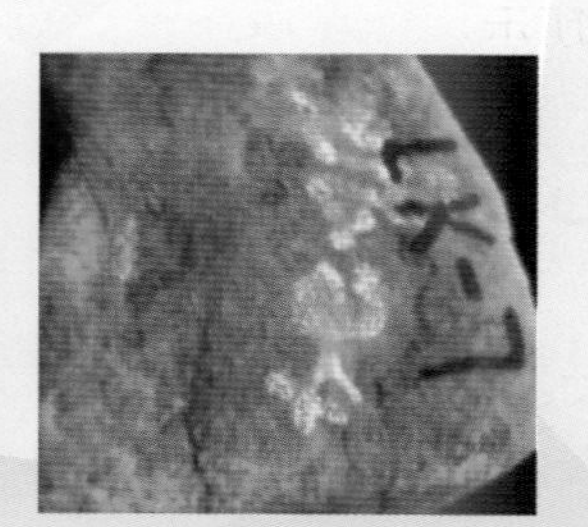

图 4-13　笋衣皮　　图 4-14　杨梅沙皮

10. 腊肉皮

这种赌石的皮壳颜色发黑，和腊肉有点像，而且表面比较光滑，如图 4-15 所示。

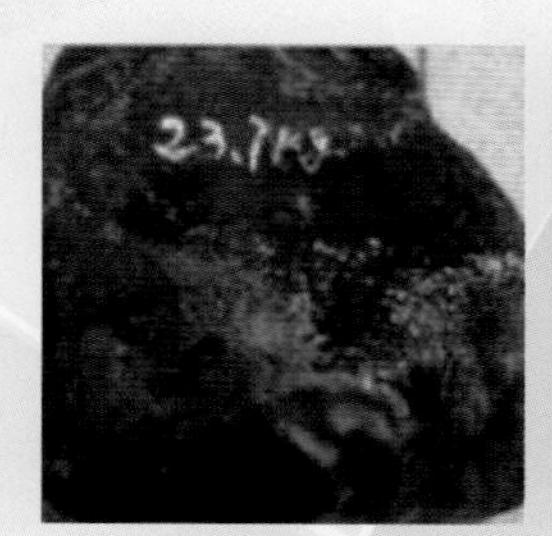
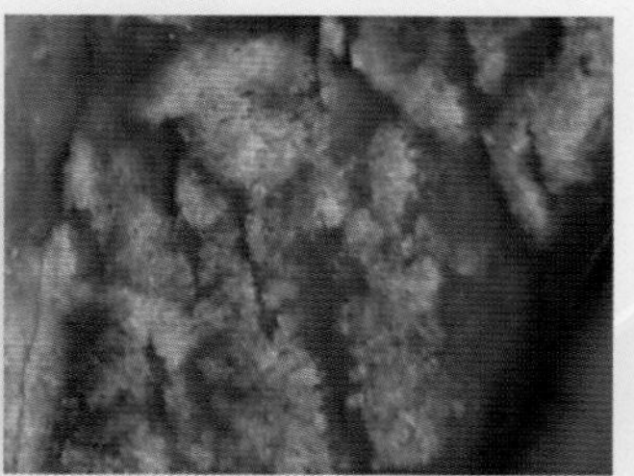

图 4-15　腊肉皮

11. 铁锈皮

这种赌石的皮壳颜色和红色的铁锈很像，如图 4-16 所示。

图 4-16　铁锈皮

12. 脱砂皮

这种赌石的皮壳表面有很多砂粒，而且砂粒很松散，很容易掉下来，颜色一般是白色发黄，如图 4-17 所示。

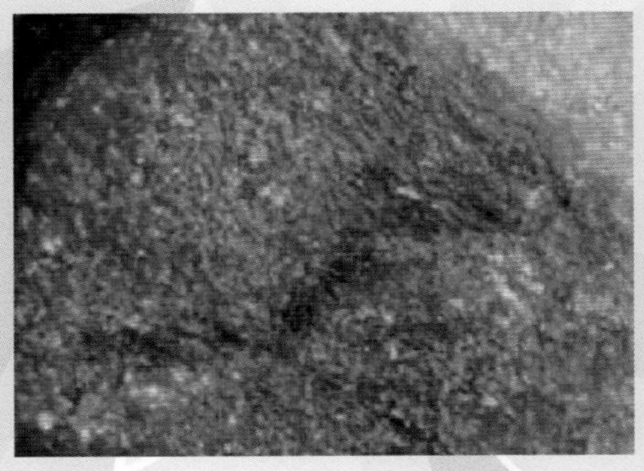
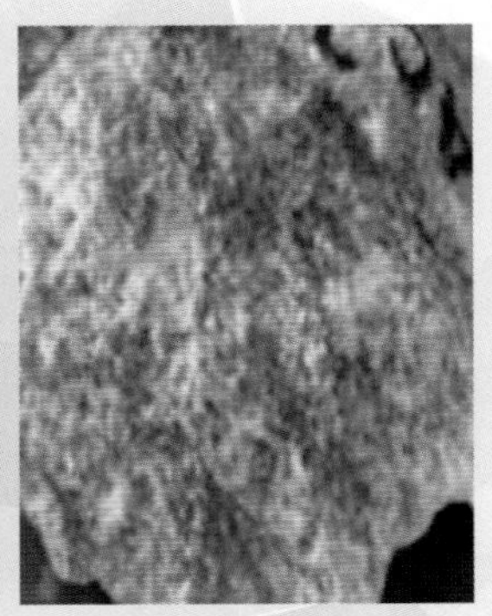

图 4-17　脱砂皮

13. 铁砂皮

这种赌石的皮壳颜色是土白色，上面有很多砂粒，而且很坚固、致密，如图 4-18 所示。

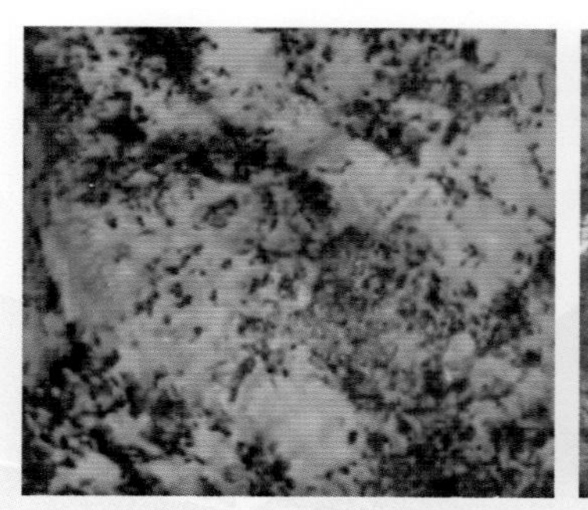

图 4-18　铁砂皮

14. 水翻砂皮

这种赌石的皮壳颜色是黄色，一块块的，形状不规则，看着很像水锈，如图 4-19 所示。

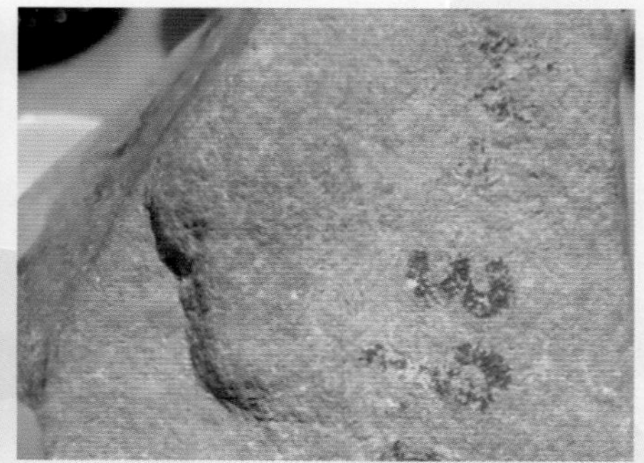

图 4-19　水翻砂皮

上述赌石中，含有翡翠的可能性较高，因此赌赢的机会也相对较大。然而，面对其他颜色的赌石，在购买时应当更加谨慎，因为它们含有翡翠的概率通常较低，有可能只是普通石头。

三 看皮壳的粗糙程度

业内人士发现，赌石内部若为翡翠，其皮壳的粗糙程度与内部翡翠的品质（包括种、水等）之间存在着显著关联。因此，在赌石过程中，在观察皮壳颜色之后，还应进一步查看皮壳的粗糙程度。

一般来说，皮壳越细腻，内部翡翠的品质越优良，即种质越佳、水头越充沛；相反，皮壳越粗糙，内部翡翠的品质就越差，即种质不佳、水头不足。

上述所介绍的各种颜色的赌石大体遵循这一规律。例如，黑蜡皮、黑乌沙皮、洋芋皮等赌石，其皮壳极细腻，因此内部翡翠的种质通常很好，水头也十分充足；而铁砂皮、水翻砂皮等赌石，由于皮壳较为粗糙，内部翡翠的种质相对较差，水头也不够充足。

四 赌场口

之前介绍过，场口指的是翡翠的矿场，也就是其产地。翡翠行业的专家发现，每个翡翠场口都能产出多种颜色和粗糙程度不同的石头。因此，相同颜色和粗糙度的石头可能来自多个不同的场口。

人们注意到，不同场口开采的原石常常存在差异，有时这些差异还相当显著。例如，某些场口开采的黑乌沙皮原石有较大可能性含有翡翠；而其他场口的黑乌沙皮原石含翡翠的概率则较小。

我们在日常生活中也会遇到类似的情形：比如苹果，烟台的苹果通常比其他地区产的更美味；新疆的水果更甜；智利的车厘子更受欢迎。

因此，赌石的品质以及赌石的最终成败在很大程度上取决于石头的产地。

所以，在赌石时，除了观察石头的外观外，还需要分辨其场口，即确定它的原产地。在赌石行业，这个过程被称为“赌场口”。如果场口赌对了，赢的机会就会增加；反之，如果场口赌错了，赢的概率就会降低。业内有句行话“不识场口，不玩赌石”，凸显了辨识场口的重要性。

在缅甸，翡翠的产地包括几个大的矿区，也称作场区，每个场区内又包含若干个场口，有时也称为坑口或坑。场区的大小不一，有的场区可能只有几十个场口，而大的场区可能多达几百个。这些场口的具体情况也各不相同，包括规模大小、地理位置、自然环境和地质条件等，因此产出的赌石品质也常有差异。

在赌场口时，主要是依据石头皮壳的特征进行判断，包括颜色、粗糙度等。

翡翠行业内的专家发现，有些场口开采出的翡翠原石不仅概率更高，品质也更佳。接下来，我们将介绍这些场口及其出产原石的特征，以便在赌场口时，提高赌赢的概率。

1. 帕敢场口

在网上及其他很多场合，我们经常听到帕敢这个地方，它几乎成了翡翠的代名词。帕敢是缅甸最有名的翡翠产地，在翡翠界享有盛名。它有三个特点：①开采时间早、历史悠久；②规模大，翡翠的产量高；③翡翠的品质好，种、水、色俱佳。

帕敢产出的翡翠原石大小不一：小块的有几公斤，大块的有几百公斤。2014 年，当地发现了一块巨大的翡翠原石，长度达 5~6 米，估计重量达 20 吨，而且，人们认为它还有一部分埋在地下，总重量可能翻倍，接近 40 吨，价值难以估量。

帕敢的原石种类很多，典型的有老象皮、黄盐沙石、白盐沙石、黑乌沙石等。

2. 莫湾基场口

莫湾基场口出产的翡翠最大的特点是颜色比较好，尤其盛产著名的“帝王绿”品种（后面会详细介绍）。

莫湾基场口出产的翡翠原石有黄、红皮壳、黑乌沙皮、黑蜡皮等品种。

3. 莫西沙场口

莫西沙场口出产的翡翠品质高，尤其盛产玻璃种！所以，在翡翠行业里，人们把它叫作“神仙场口”，很多人喜欢购买这里的原石。

这里出产的原石的尺寸一般比较小，种类有白盐沙皮、脱沙皮、黑乌沙皮等。

4. 会卡场口

会卡场口出产的原石，最大的特点是品质高——种、水、色俱佳，经常可以制作戒面（后面的章节会详细介绍：翡翠戒面对品质的要求很高）。目前，市场上多数高品质的戒面就来自这里。在缅甸，人们把会卡场口出产的原石称为国石。

这里出产的原石皮壳很多是蜡皮，颜色以灰绿色和灰黑色为主，也有红蜡皮、黄蜡皮、白蜡皮、青蜡皮等。块度有大有小，小的只有几公斤，大的达到几吨。

5. 木那场口

木那场口盛产种、水、色俱佳的满绿翡翠，包括帝王绿。在行业内，人们盛赞“木那至尊，海天一色”。这里的翡翠还有一个突出的特点：就是里面经常有一些很明显的点状棉，在行业内，人们把这种现象叫作“雪花棉”。

这里出产的原石皮壳大部分是白色的，尤其盛产白盐沙皮。

6. 后江场口

后江场口也经常产出高品质的满绿翡翠，可以做戒面，但是原石内部的裂纹比较多，不适合制作手镯等产品。

这里的原石很多是蜡皮。

7. 大马坎场口

大马坎场口盛产“翡”，包括红翡和黄翡。

这里出产的原石皮壳有黄红色、褐灰色等，最典型的种类是黄梨皮和笋衣皮。原石的尺寸一般比较小，很多只有几公斤。

8. 南奇场区

南奇场区比较小，但翡翠的品质比较好。

这里出产的原石的种类很多，包括黄沙皮、黑乌沙皮、盐沙皮、红蜡皮、青蜡皮、黑蜡皮等。

9. 百山桥场口

百山桥场口出产的原石，用行业内的说法，叫“起货率高”，即内部是翡翠的概率大。所以，行业内的人赞誉这里的原石为“百切不垮”（“垮”是翡翠行业的行话，意思是失败、赔钱）。而且，这里出产很多大块原石。

这里出产的原石皮壳主要是蜡皮壳，质地很细腻。另外，皮壳上经常有一些暗红色的物质，这是因为当地的土壤里含有较多的红色三氧化二铁。

10. 格应角场口

格应角场口产出种和水很好的翡翠的概率较大，经常是冰种、糯种，水头很足。这里产出的原石的皮壳主要是黑乌沙皮，有的皮壳很薄，可以用手电看到里面。

11. 么么亮场口

么么亮场口的翡翠品质很好，原石的皮壳很多是黑色。

12. 马莎场口

马莎场口的翡翠品质不一，品质好的质地比较细腻，经常有紫色的品种，但是很多翡翠裂纹比较多，多数品质较差，只能制作一些低档产品。

这里出产的原石有的没有皮壳，有的比较薄。

我们可以观察到：由于许多原石品种在不同场口均有产出，例如，几乎所有的场口都能发现黄盐沙皮和黑乌沙皮的原石，因此，尽管如前所述，不同场口所产出的翡翠原石各具特点，但很多时候，这些差异并不显著。正因为如此，赌场口变得尤为困难，多数情况下，很难准确判断一块原石的确切产地。

五 赌种、水、色

前面提到，可以根据皮壳的粗糙程度和场口判断赌石内部翡翠的品质，此外，人们还经常根据其他特征进行判断，具体方法有下面几种。

1. 看棱角和新鲜程度

看棱角和新鲜程度，其的目是判断赌石是老坑料还是新坑料。

上一章提到过：相对来说，在老坑料里，里面是老坑种翡翠的概率比较大；在新坑料里，里面是老坑种翡翠的概率比较小。所以，如果能分辨出一块赌石是老坑料还是新坑料，就可以大致判断其内部翡翠的质量。

常用的一种方法就是看赌石的棱角和新鲜程度：总的来说，老坑料基本没有棱角，表面比较圆滑，看着就是一块鹅卵石，新鲜程度差，也就是表面经常有泥沙，显得比较脏、旧。原因就如上一章所说：老坑里的原石长期经受了河水、泥沙的冲刷、腐蚀等作用，原来的棱角都被磨掉了，而且表面经常覆盖泥沙、污泥等物质，如图 4-20 所示。

图 4-20　老坑料

新坑料一般都有棱角，比较尖锐，而且表面比较新鲜，如图 4-21 所示。

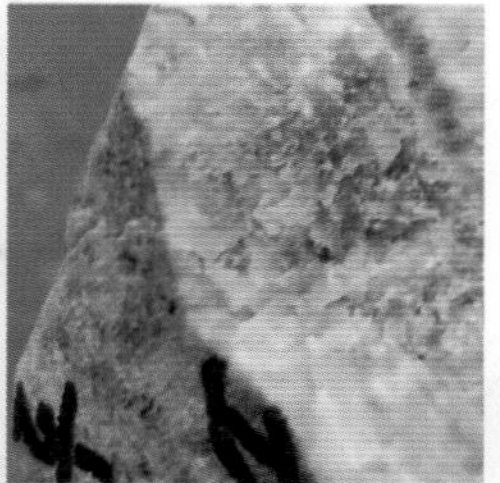

图 4-21 新坑料

2. 看绿

一般来说，赌石内部如果是绿色的翡翠，皮壳上会出现一些特征或迹象，其中，常见的有“线”“片”“鼓”“脊”等。

（1）“线”和“片”：有的赌石表面上，可以看到一条或几条绿色的带子，行业里把这种现象叫“线”，如图 4-22 所示。

有的赌石表面上，可以看到绿色是一片或几片，显得面积比较大，行业里把这种现象叫“片”，如图 4-23 所示。

图 4-22 原石上的“线”

图 4-23 原石上的“片”

很多时候，有“线”的赌石内部是绿色翡翠的概率比较大；而有“片”的赌石的内部是绿色的概率反而比较小。所以，在翡翠行业里，人们常说：“宁买一线，不买一片。”

（2）“鼓”和“脊”：有的赌石，皮壳上的绿色部分是向外鼓起、突出的，在翡翠行业里，这种现象叫“鼓”，如图 4-24 所示。

而有的赌石，皮壳上的绿色部分是向内凹陷的，行业里把这种现象叫作“脊”，如图 4-25 所示。

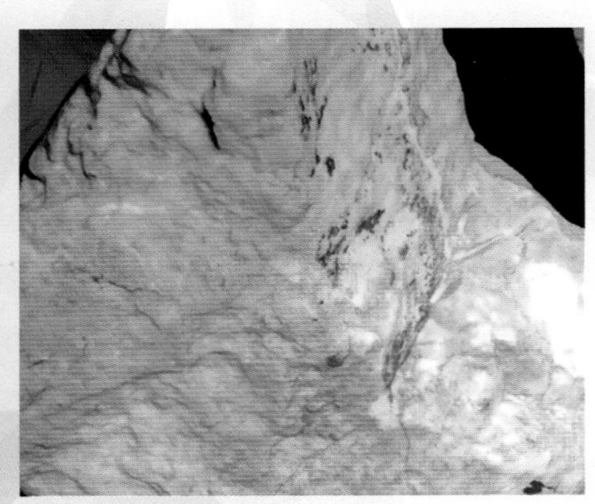

图 4-24　原石上的“鼓”　　图 4-25　原石上的“脊”

很多时候，有“鼓”的赌石，内部是绿色的概率较大。因为“鼓”的化学成分是硬玉，它是翡翠的主要组成矿物，由于它的硬度很高，抗风化能力强，不容易被风化，一直保留了下来；它周围的物质硬度较低，抗风化能力弱，所以被风化而消失了。所以，有“鼓”的原石，内部更有可能是翡翠。

“脊”的化学成分一般是硬度较低的矿物，所以，有“脊”的原石，内部更可能是这些矿物，而不是翡翠。

所以，在翡翠行业里，有一句行话：“宁买十鼓，不买一脊。”

3. 癣

癣是原石皮壳上一种蓝黑色的物质，如图 4-26 所示。

翡翠行业的人发现，有时候，赌石的皮壳上有癣时，内部是绿色的翡翠。所以，人们常说：“绿随黑走，绿靠黑生（黑指的就是癣）。”

但是，人们发现有的赌石的皮壳上有癣，但内部并不是绿色的翡翠，

图 4-26　原石上的癣

而且癣越多，绿越少，人们把这种现象叫“癣吃绿”。

还有一种情况也很常见：就是很多赌石的皮壳上没有癣，但是其内部也是绿色的翡翠。

所以，癣和赌石内部的关系很复杂。它和其他的方法一样，只适用于一部分赌石。

4. 蟒

蟒是赌石皮壳上的一些绿色的条带状或块状的物质，好像卷曲的蟒蛇一样，如图 4-27 所示。

人们发现有蟒的赌石，内部是绿色翡翠的概率较大，所以很多人把蟒作为赌石的依据。

5. 松花

松花是赌石皮壳上的绿色的条、带或块，看着像风干的水草或青苔一样，如图 4-28 所示。

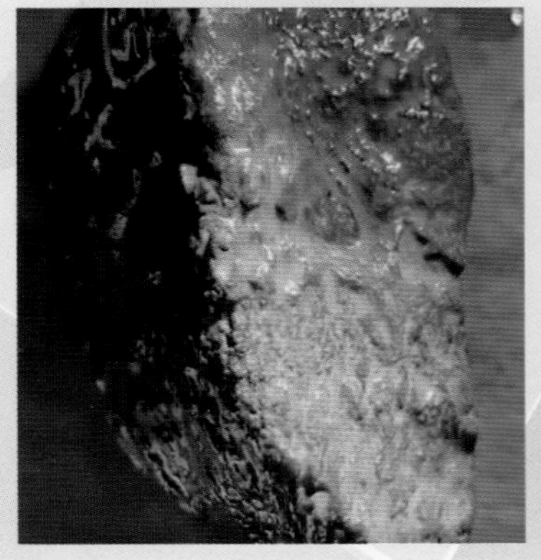
图 4-27　原石上的蟒

图 4-28　松花

很多人认为，松花是翡翠原石的重要特征，如果一块石头表面没有松花，它很可能不是翡翠原石，里面自然也不是翡翠。而且，松花的颜色越浓、越鲜艳，内部的颜色就越浓、越鲜艳。

所以，在赌石时，很多人把松花作为非常重要的依据。

但是，松花和其他特征一样，也存在很多意外情况。有的赌石皮壳上有松花，甚至有多处松花，但是内部也可能不是翡翠；有的赌石皮壳上没有松花，而内部却是翡翠。

六 赌裂

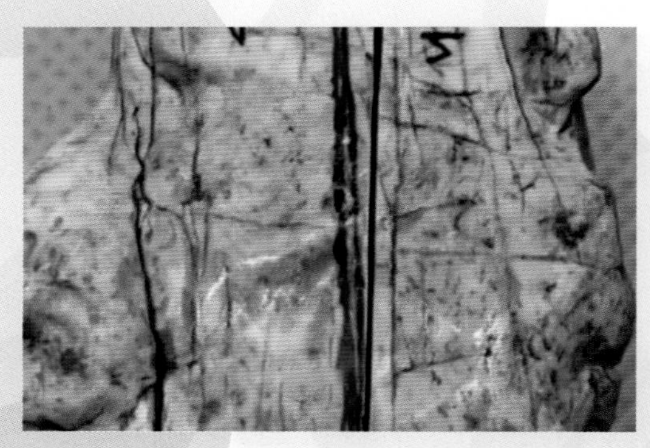

图 4-29　原石上的裂纹

在翡翠行业里，裂纹也常叫作裂绺。赌裂纹就是赌原石是否有裂纹，如图 4-29 所示。

为什么赌石时需要赌裂呢？

原因其实很容易理解：因为裂纹对翡翠的品质和价值有极大的影响。例如，如果原石存在大量裂纹，那么它就不适合用来制作大型的成品，如手镯，而只能加工成较小的产品，比如挂件或珠子。在大多数情况下，挂件或珠子的市场价值远低于手镯。因此，裂纹的存在会大幅度降低赌石的价值。许多赌石虽然在种、水、色等方面都表现很好，但因为裂纹过多，无法加工成足够尺寸的成品，最终导致其价值大大降低，如图 4-30 所示。

所以，对赌石来说，裂纹是一种致命的缺陷，人们要对它特别重视。

赌裂时，人们经常采用下面的经验和技巧。

1. 仔细观察，尽量购买没有裂纹的赌石。

图 4-30 原石内部的裂纹

在赌石业内，有一句行话，叫“宁赌色不赌绺”。这句话的意思是，在购买赌石时，可以在颜色上承担一定的风险，因为即便判断失误，由此产生的损失相对容易控制。然而，对于裂纹的问题则不能掉以轻心，不宜冒险，必须仔细观察，尽可能选购无裂纹的赌石。如果因为疏忽或心存侥幸而购得带有裂纹的赌石，可能会造成巨大损失，这种损失往往难以控制和挽回。

2. 注意观察小裂纹。

小裂纹指的是比较细、比较短的裂纹。

在赌石界，有一句行话，叫“不怕大裂怕小绺”。这句话意味着，在赌石中，大裂纹并不可怕，真正令人担忧的是小裂纹。

这是因为大裂纹相对容易察觉。一旦发现赌石上有大裂纹，买家通常有更大的议价空间，而且在后续加工时，可以有意地避开这些裂纹，从而避免造成太大的损失。

相比之下，小裂纹则较难被发现。买家可能因此以过高的价格购入，从而造成经济损失。在加工过程中，如果未能发现这些小裂纹，切割时可能会不小心穿过它们，导致无法获得足够尺寸的成品，从而遭受更大的损失。赌石界还有一句行话：“不怕买错，就怕切错。”这表明，即便选购的赌石不理想，只要切割时巧妙地沿着裂纹进行，便能有效地控制损失；如果切割方向错误，穿过了小裂纹，那么造成的损失将难以估量和控制。

3. 注意观察赌石内部的裂纹。

赌石表面的裂纹比较容易被发现，而内部的裂纹不容易被发现，尤其是小裂纹，所以需要特别注意。

4. 寻找小裂纹和内部裂纹的方法。

如何寻找翡翠中的小裂纹以及内部裂纹呢？人们常用的一种方法是使用强光手电筒进行照射。

图 4-31　打灯检查小裂纹和内部的裂纹

在购买翡翠（包括赌石和成品）时，我们经常可以看到人们使用手电筒进行照射。这样做的目的，一个是观察翡翠的透明度（水头）；另一个是检查是否存在裂纹，包括细小的裂纹和翡翠内部的裂纹。在强光的照射下，这些裂纹会变得更加明显，便于观察，如图 4-31 所示。

第3节 赌石的“门子”

一 “门子”是什么

我们经常可以观察到，一些赌石的外皮被磨去或者切去了一部分，使得人们能够看到其内部的颜色和质地。在翡翠行业中，这种被磨去或切除的部分被称作“门子”，如图 4-32 所示，同时也被称作天窗或擦口。这种做法则被称为开门子、开天窗或开窗，也可以称作擦石或擦皮。经过这样处理的赌石被称作开窗料，也称作半明半赌料，或者半明半暗料。

图 4-32 门子

买这种开了门子的赌石叫半明半赌，因为买方可以通过门子看到内部的一些颜色和质地。没有开门子的赌石叫全赌料，买这种赌石叫暗赌，也叫朦头赌（也叫蒙头赌），因为买方完全看不到里面的情况。

二 门子的秘密

赌石上的门子看着很简单，实际上，它们有很多秘密。

为什么这么说呢？门子有什么秘密呢？

这是因为，我们需要明白：卖方为什么要在赌石上开门子，他们开门子的目的是什么。

卖方开门子的目的只有一个：以尽量高的价格把赌石卖出去。

为了达到这个目的，在开门子之前，他们对赌石进行了认真的研究。研究的内容其实和买赌石的人一样——判断里面是不是翡翠。

根据研究结果，卖方会分别做下面几件事。

（1）有的赌石，卖方经过研究后，认为里面是翡翠，他就会把它们从中间完全切开，成为明料，让买方看到里面的翡翠，从而卖出翡翠的价格。

（2）有的赌石，卖方经过研究后，认为里面不是翡翠，只是普通的石头，这样他就不会开门子。因为如果开了门子，买方看到里面不是翡翠，就没人买了。

（3）有的赌石，卖方经过研究后，认为它的某个或某几个位置的下面是翡翠，而其他位置的下面不是翡翠，那他就会在所有的翡翠位置开门子，把里面的翡翠都显露出来，如图 4-33 所示。买方看到里面的翡翠，就愿意出高价购买。

图 4-33　多个门子

（4）有的赌石，卖方经过研究后，认为有的位置的翡翠种、水、色很好，而且没有裂纹，他就会在这个位置开门子，另外，还会把门子抛光，在行业里，这种做法叫“磨石”。经过抛光后，表面特别光滑，看起来更漂亮，显得种、水、色很好，有人甚至把糯种的翡翠称为冰种翡翠进行销售，从而卖出高价，如图 4-34 所示。

反之，如果卖方认为有的门子的翡翠的种、水、色较差，或者有裂纹，他就不会抛光，这样门子会显得很粗糙，在行业里，这种门子叫“麻酱面”，如图 4-35 所示。这种门子，买方看不清楚内部的种、水、色、裂纹，容易误认为品质很好。 如果抛光后，翡翠的缺陷就比较明显，就不容易卖出去。

图 4-34　磨石

图 4-35　“麻酱面”

总之，卖方开门子的目的是为了让买方相信赌石的里面是翡翠，值得出高价购买。门子越多，面积越大，买方看到的翡翠就越多，就越愿意出高价购买。

所以，赌石上的门子并不是随便开的，而是卖方仔细研究之后才开的。

作为买方，应该明白门子展示的是赌石上所有的翡翠。在市场上，我们可以看到各种各样的门子：有的赌石上只有一个门子；有的赌石上有很多门子；有的门子面积很小，只有一小块，有的门子面积很大，有一大片，甚至有的赌石的皮壳完全被磨掉或切掉了；门子的形状也是多种多样、千奇百怪，如图 4-36 所示的花窗。

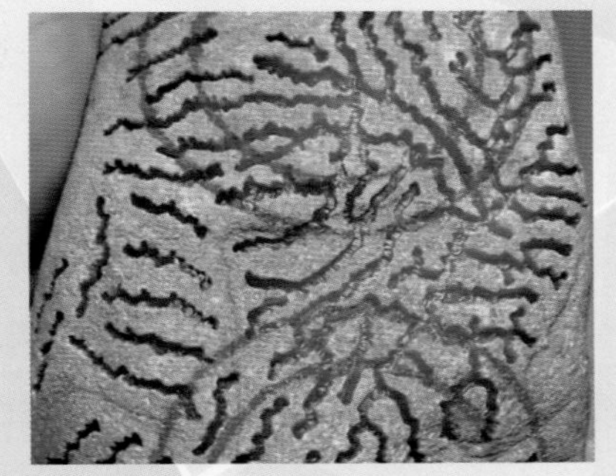
图 4-36　花窗

我们可以推断：赌石上没有门

子的地方，说明卖方认为那些位置的下面不是翡翠。一种极端的情况就是前面所说的朦头料，完全没有开门子，说明卖方认为这里面完全没有翡翠。门子的数量越多，面积越大，说明卖方认为内部的翡翠越多，这样的赌石价格就越高。

三 赌门子

赌门子就是购买开门子的赌石，具体需要注意以下几个方面。

1. 不能被门子迷惑

如上所述，门子显示的是卖方认为的赌石的全部翡翠，应该想到没有门子的位置很可能不是翡翠，然后根据这一点出价和砍价。

2. 对漂亮的门子保持警觉

漂亮的门子，典型的有：数量多、面积大、抛光的门子，这样的门子，看着很漂亮，诱惑力特别大，买方很难砍价。面对它们，买方更需要头脑冷静，保持警觉。买方应该估计到：这些门子显示的翡翠有可能只是一层，它们的下面有可能不是翡翠。因为如果卖方认为从外到内都是翡翠，他为什么不从中间直接切成两半呢？行业人士的大量实践证明，很多漂亮的赌石，里面不是翡翠，即使是翡翠，品质也比较差，比如有很多裂纹。

3. 注意怪门子

怪门子也叫怪窗，是指门子的面积、数量、形状等看着很奇怪。

常见的怪门子有以下几种。

（1）花窗。这种门子的形状很复杂，很多看着很漂亮，包括图 4-36 以及图 4-37 所示的花窗、图 4-38 所示的鱼鳞窗等。

卖方开这种门子，一个目的是为了提高打灯效果：用手电照射时，门子的不同位置亮度不一样，从而形成花纹，看着很漂亮。

图 4-37　花窗

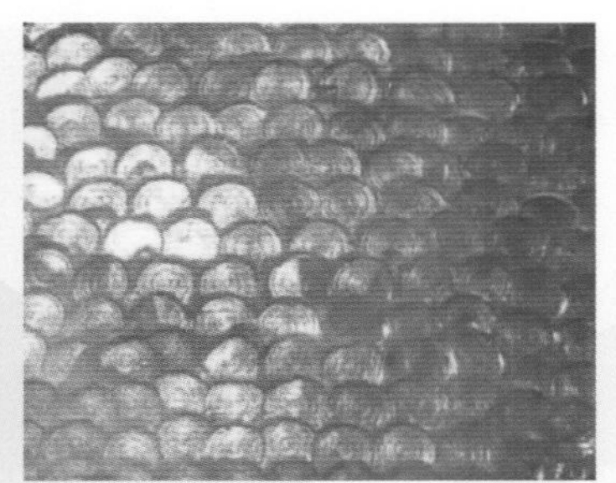
图 4-38　鱼鳞窗

另一个目的是掩盖翡翠的一些缺陷，比如裂纹、棉等。在赌石业内，人们经常把门子周围的皮壳叫“墙”。卖方会让缺陷处于门子的边缘或“墙角”，这些位置比较暗，买方不容易看到。

由于有的花窗采用了欺骗性手段，所以人们常把它们叫作流氓窗。如果在市场上看到有花窗的赌石，就需要特别注意，观察比较暗的位置有没有缺陷。

（2）大料开小窗。这是指赌石的尺寸很大，但是门子的尺寸很小，如图 4-39 所示。所以，这种赌石虽然开了门子，但是买方很难通过门子了解整块赌石。在行业内，人们也常把这种门子或天窗叫流氓窗。

如前所述，卖方开这种门子，是因为他们认为只有那一小块的下面是翡翠，其他位置都不是翡翠，所以不敢开。

图 4-39　大料上的小窗

（3）丝状窗，也叫针状窗。这种门子特别细、比较深，如图 4-40 所示。

这种门子的目的和花窗一样，可以提高打灯效果，同时能掩盖一些缺陷，买方不容易看清里面的种、水、色、裂纹等，所以容易被迷惑。这种门子也叫

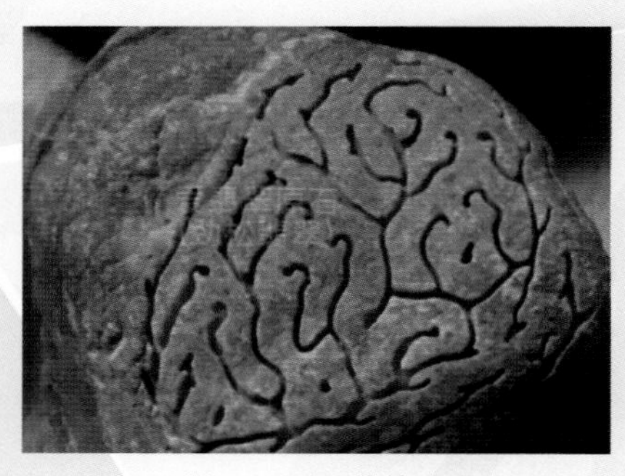
图 4-40　丝状窗

流氓窗，看到后需要小心观察。

4.“宁买一线，不买一片”

这是赌石领域最有名的行话之一。前面介绍皮壳时，我们看到过这句话。赌门子时，这句话同样适用。

对门子来说，“线”指的是门子比较窄，“片”是指门子的面积比较大。这句话的意思是，在很多情况下，买线状门子的赌石比买片状门子的赌石更容易赚钱。

首先，线状门子的面积比较小，所以露出的绿色部分少，这样卖方的要价自然就低，买方也容易砍价。而片状门子的面积比较大，卖方的要价会很高，买方很难砍价。

其次，在很多时候，线状门子的周围和内部也是翡翠；而片状门子只有那里很薄的一层是翡翠，它的下面都是普通石头。在赌石界，有这么一句行话“片色如纸，线色沉”，指的就是这种情况。“片色”指片状门子的颜色，“线色”指线状门子的颜色，“沉”指下沉、深的意思。整句话的意思就是：片状门子的颜色经常像纸那么薄，而线状门子的颜色却经常深入到内部，特别厚。

5. 注意抛光的门子

如果门子被抛光了，看着种、水、色特别好，应该想到，它的实际品质可能会差一些；另外，没有抛光的地方可能有问题。

6. 认真观察门子及其周围

认真观察门子的不同位置及门子周围的皮壳，包括它们的种、水、色、裂纹等，观察它们的变化趋势。因为很多赌石的门子种、水、色很好，但是周围却很差，或者门子上没有裂纹，但周围有。

总之，赌门子时，对门子显示的情况不能太乐观。一般来说，人们都有一种心理作用：看到门子很漂亮，会不由自主地产生美好的想象，感觉门子的周围也是这样的。所以，业内人士经常提醒我们：对门子，尤其是漂亮的门子，不能随意发挥想象，应该保持冷静，客观、仔细地观察、检查，包括门子的边缘（或“墙角”），还要认真观察门子周围的皮壳（也就是“墙”），这样赌石时，赢的概率才会比较大。

四 赌“雾”

很多赌石，开了门子后，可以看到皮壳里面的翡翠，行业里也常叫玉肉。有的赌石，在皮壳和玉肉之间，有一层不透明的物质，看着像雾一样，类似于鸡蛋壳和蛋清之间的那层薄膜。在翡翠行业里，人们把这层物质叫“雾”，如图 4-41 所示。

经过研究，人们发现“雾”是硬玉矿物（即翡翠）经历了长期的风化作用形成的。

赌石时，人们经常根据“雾”判断赌石内部情况：如果赌石有雾，说明内部有翡翠的概率大，而且翡翠的种比较老；如果赌石没有雾，说明内部可能不是翡翠，或者即使是翡翠，种也比较嫩。

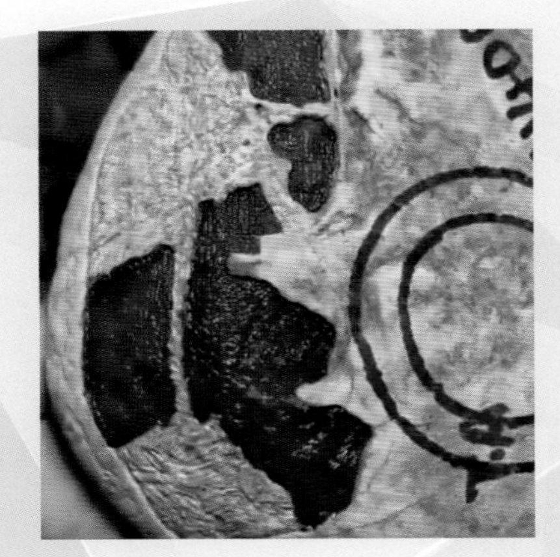

图 4-41 雾

另外，不同的赌石，雾的颜色也经常不一样，常见的有白色、黄色、红色、黑色等。很多时候，如果赌石有白雾或黄雾，内部翡翠的颜色会比较好；如果是红雾或黑雾，内部翡翠的颜色就不太好。

赌石的步骤

很多人认为，买赌石的步骤很简单：就是把石头买回来，然后切开、加工成产品，如图 4-42 所示。

图 4-42　购买的赌石

实际上，在翡翠行业中，购买赌石的过程相当复杂，基本步骤包括购买、清洗、开门子（擦石）、切割和销售。“购买”指的是获取赌石的行为；“清洗”是指对赌石进行清洁；“开门子”即之前提到的擦石，以便观察内部；“切割”是指将赌石一分为二；“销售”则是指将赌石卖出。

值得注意的是，并非所有购买赌石的人都需经历上述所有步骤：有的人可能仅进行购买；有的人先购买，然后直接销售；有的人购买后清洗再销售；还有的人购买、清洗并开门子后再销售；甚至有些人可能在购买、清洗后销售，再重复购买、清洗和开门子的步骤。

为什么赌石的步骤如此之多、方式如此繁复呢？原因很简单：不同的人购买赌石的目的各异。例如，有些人购买赌石可能是为了观赏、保存或收藏，因此他们主要涉及购买和清洗，其中一部分人可能会进行开门子或切割。

而多数人购买赌石的目的是为了盈利。最直接的盈利方式是购入后加工成产品再销售出去。然而，在翡翠行业中，这仅仅是盈利方式之一，除此之外，还有许多其他的盈利方式。

下面我们详细介绍赌石的步骤。

一 购买赌石

使用前几节的方法，对赌石进行分析、判断后，买方会了解赌石内部是翡翠的概率以及翡翠的品质。在这个基础上，买方评估出赌石的价值，就可以出价购买了。

最终能否成交，就看买卖双方能否在价格上达成一致了。

作为买方来说，应该和平时购买其他物品一样，出价合理。一方面，要注意保护自己的利益，出价不能过高；另一方面，也需要考虑卖方的利益，不能一味地砍价，那样，最终就买不到合适的赌石，自然就没有赚钱的机会了。

一块赌石的价值，主要取决于几个方面：内部是翡翠的概率、翡翠的品质、翡翠的裂纹、翡翠的体积。

如果购买赌石的目的是为了观赏、收藏，买方就会按照上面几个因素出价。

如果打算用赌石加工产品，买方会估算出能够得到的成品的种类、品质和数量，比如几个手镯、几个挂件，如图 4-43 所示；然后，根据成品的市场价格，估算出总收入，再除去加工费等费用。

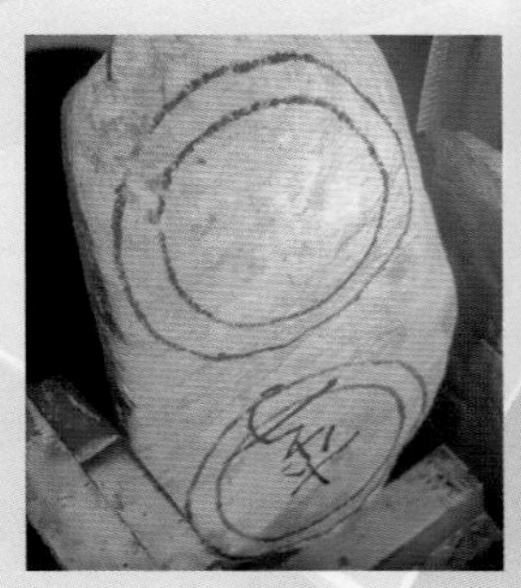

图 4-43　产品设计

二 倒卖

有的买方从卖方手里购买赌石后，会转手倒卖。如果有人预期这块赌石的价值更高，就会购买。

三 洗石

洗石就是用水清洗赌石。经过清洗后，赌石的皮壳更干净，有利于观察内部的情况。尤其是用强光手电照射时，会看得更清楚。

赌石经过清洗后，会出现两种结果：一种结果是如果里面是翡翠，人们可以更清楚地看到，这样，赌石的价格就会提高，这种情况在翡翠行业里叫“洗涨”。

而另一种结果是，如果赌石里面不是翡翠，清洗后也可以看得更清楚，这样，这块赌石的价格就会下降。这种情况在行业里叫“洗垮”。

由于很多人都知道清洗后的这两种结果，所以，洗石就和前面介绍的开门子一样：赌石不能随便洗。它的货主会认真研究，只有认为里面是翡翠时，才会洗；如果认为里面不是翡翠，货主就不洗了。

当一块赌石洗涨后，它的货主可能会把它卖掉赚钱。“洗垮”的赌石就不容易出售了，很容易砸在货主手里。

但是，我们知道，“洗涨”“洗垮”和前几节介绍的松花、门子等特征一样，都不是绝对的，而是相对的，也就是说，它们只代表了一部分人的看法。比如，如果这部分人认为赌石里面是翡翠，对他们来说，就是“洗涨”；但是，如果换成另一部分人，他们可能认为里面不是翡翠，因此，对他们来说，就是“洗垮”。

所以，有时候，有人认为一块赌石内部是翡翠，它就会洗涨，但将来遇到其他人，认为里面不是翡翠，所以还是会洗垮。

四 擦石

擦石就是前面介绍的开窗或开门子，如图 4-44 所示。

图 4-44 擦石

和洗石类似，擦石也会产生两种结果：一种结果是擦出内部的翡翠，从而使赌石的价格提高；这种现象在翡翠行业里称为“擦涨”。另一种结果是没有擦出翡翠，导致赌石价格降低，这种现象在翡翠行业里称为“擦垮”。对于擦涨的赌石，货主可以立即出售以获利；而对于擦垮的赌石，货主则不易将其出售。

为了能实现“擦涨”，人们总结出一条规律：“一擦蓏，二擦枯，三擦癣，四擦松花。”下面我们来解释一下这些术语的含义。

“蓏”是赌石皮壳上的一种特征，看起来光滑细腻，其下存在翡翠的可能性很大。因此，如果在赌石上观察到“蓏”，应优先在该位置擦石，这样更有可能擦出翡翠，从而实现擦涨，这称为“一擦蓏”。

“枯”是赌石皮壳上的另一种特征，看起来像枯干的树皮，皱皱巴巴的，其下也经常藏有翡翠，行业内有“有枯就有色”的说法。因此，如果赌石皮壳上没有“蓏”但有“枯”，则应在“枯”的位置擦石，这样擦涨的机会也较大，这称为“二擦枯”。

“癣”和“松花”前面已经介绍过，如果在赌石皮壳上既没有“蓏”也没有“枯”，但存在“癣”，则应优先擦“癣”，这称为“三擦癣”。

如果“蓏”“枯”“癣”都不存在，而有“松花”，则应擦松花，这称为“四擦松花”。

如果赌石上既没有“蒴”“枯”“癣”，也没有“松花”，则表明赌石内部含有翡翠的概率很低，就不要再擦了。如果仍然勉强擦石，很容易擦垮。

五 切石

切石是赌石的最后一个环节，也叫解石、开石、开料，意思很简单：就是把赌石从中间切开，露出里面的内容，如图 4-45 所示。

图 4-45　切石

在赌石的各个步骤中，切石是最后一步，也是最关键、最惊心动魄的一步，相当于赌博时亮出底牌——赌石里面究竟是翡翠还是普通石头，前面的洗石、擦石都不能确定，只有切石才能确定。赌石被切开后，之前所有的分析、判断、猜测都将真相大白。因此，在翡翠行业里，有一句行话：“擦石不算涨，切石才算涨。”

同样，切石也会出现两种结果：如果切开后发现是翡翠，价格就会大涨，行业里称为“切石成功”；如果切开后发现不是翡翠，整块赌石马上就一文不值，行业里称为“切石失败”。

对于切石成功的赌石，它变成了明料，货主可以转手卖掉赚钱，或者加工成产品。与前面介绍的洗石失败、擦石失败的赌石不同，切石失败的赌石基本上没有可能出售了，因为大家都能看到它只是普通石头。因此，货主可能会血本无归。

与洗石、擦石相比，切石的风险最大，也就是说，它更类似于赌博：存在两种明确的可能结果，且每种结果的概率大致相等。因此，切石的风险也是最大的。如前所述，在洗石、擦石后，即使当时洗石失败、擦石失败，但将来仍有很多增值的机会，因为货主可以继续持有，等待看好它的人；也可以继续洗石、擦石或切石，这些时候，赌石都有可能增值。但是一旦切开，赌石的真实情况就暴露无遗，如果不是翡翠，大家都能看到，之后就没有增值的可能了。

正是由于这一点，所以很多赌石者都不愿意切石，只愿意转手倒卖，或者在洗石成功或擦石成功后马上卖掉，见好就收。

基于切石的重要性，人们在切石前，和洗石、擦石一样，同样需要进行认真研究，而且花费的精力和时间比洗石、擦石更多。

首先，面对一块赌石，要确定是否值得切。一般来说，只有对赌石有特别大的把握、信心，确信里面是翡翠时，才能切石。否则，尽可能不切。

其次，即使确信一块赌石里面是翡翠，决定要切时，也不是随便把赌石切成两半，而是要寻找合适的位置、按一定的顺序切。

这样做的目的，和前面说的擦石一样，就是争取尽快切出翡翠，即“切石成功”。如果选择的位置不合适、顺序不合理，不能尽快切出翡翠，会严重影响货主的信心，导致不敢继续切下去，从而有可能永远看不到里面的翡翠，最终导致切石失败。

还有如果切的位置不合适，或顺序不合理，即使能切出翡翠，但有可能会把翡翠拦腰切断，使整块料的价值大打折扣，这也会导致“切石失败”。

具体来说，专业人士一般按下面的顺序切石。

如果赌石的表面有裂纹，要先沿着裂纹往下面切。

如果赌石的表面没有裂纹，就按照“一门、二颟、三枯、四癣、五松花”的顺序切，也就是：

如果赌石表面有门子，门子里是翡翠，那就先从门子的位置切，因为这样最容易切出里面的翡翠。

如果赌石表面没有门子，再看看有没有蘚，如果有，就先切它。前面提过，蘚的下面是翡翠的概率很大。

如果也没有蘚，再看看有没有枯、癣、松花，然后分别按顺序切。

如果赌石表面这五种现象都没有，很可能里面没有翡翠，这时最好就不要切了。如果仍要勉强切割，很容易切垮。

另外，对一块赌石来说，在不同的位置，化学组成和显微结构都会有差别，所以，有的位置的内部是翡翠，有的位置的内部不是翡翠。因此，在切石时，切割的速度要尽量慢一些，要一边切一边认真观察切口：如果发现有翡翠，就继续往下切；如果切了一会儿，一直没看到翡翠，就要停下来，换另一个位置，重新切，继续寻找翡翠。多年的实践经验表明，很多赌石都是在一个位置切不出翡翠，换另一个位置就能切出翡翠了。

有的赌石，换了几次位置，一直都切不到翡翠，就说明里面是翡翠的概率比较小，这时最好就停下来，不要切了。

对旁观者来说，切石可以满足人的好奇心，而对货主来说，切石在很大程度上会影响他的财富，甚至未来的人生。很多时候，货主等待切石的结果时的心情和考生等待高考的分数一样，既满怀期待，又紧张不安，心理备受煎熬。

第5节 赌石的建议

平时，我们会经常听到一些关于赌石的传奇故事甚至神话：比如，有人仅花几十元买了一块赌石，切开后发现是高档翡翠，价值几十万元！有人投资 4000 万元购买一块赌石，切开后，其价值超过 20 亿元，是原价的 50 倍！……

类似的传奇故事数不胜数。

近年来，国内一些地方也经常举办与赌石相关的活动。在网上的一些直播间里，很多商家也设法吸引人们购买赌石。

因此，赌石距离普通消费者越来越近，很多人跃跃欲试，打算参与这项充满神秘色彩的交易。

但是，如前所述，赌石是一项高风险的交易，有时候，会对参与者造成重要影响，因此，很多翡翠专业人士给我们提出了一些关于赌石的建议。

一 赌石的风险

在第 1 节中，我们提到了赌石行业内的三句著名行话，这里有必要再次强调：“神仙难断寸玉”“赌石如赌命”“一刀穷，一刀富，一刀披麻布”。

赌石时，买家仅能依据石头的皮壳和开窗（门子）来推测内部是否含有翡翠，整个过程充满了不确定性和不可预见性。有时候，外表看似漂亮的赌石，表面呈现大片绿色，切开后却发现不过是普通石头；而有些看似平平无奇、质地粗糙的石头，切开后却有可能藏有优质的翡翠，这正是行话“狗屎地里出高绿”所形容的现象。更有甚者，有的赌石在初次切割时发现了翡翠，但在继续切割后却再难找到它。

因此，在赌石过程中，财富可以在瞬间易手，有人可能一夜之间成为富翁，而更多的人则可能瞬间失去所有。有时候，买家不仅会遭受巨大的财产损失，极端情况下，这种损失还可能会导致家庭破碎。

有人可能会认为，如果只购买价值几十元到上百元的赌石，即使失败，损失也是可以接受的。然而，许多人的亲身经历告诉我们，他们最初也是这么想的，但最终却不知不觉地越陷越深，最后无法自拔。

此外，赌石与打麻将、买彩票颇有相似之处：许多人投入了大量的时间去研究，但成功的概率依然微乎其微。许多业内人士指出，不能期望通过赌石来维持生计，许多人投入了很多的时间和大量的金钱，最终却一无所获。

早年间，行业内流传着一句行话：“穷走夷方急走场。”“夷方”指的是东南亚，“场”则是指前文提到的缅甸翡翠矿山。这句话的含义是：普通人若想挣钱、寻求稳定生活，可以选择去东南亚。而当遇到突发事件或重大事故，急需用钱时，可以选择去赌石，进行一场孤注一掷的冒险。

二 赌石的来源

前面提到过赌石的来源：工人从翡翠矿里会开采出大量石头，矿主会找很多专业人士研究每一块石头。如果认为里面含有翡翠，就会把石头切开，作为翡翠销售；如果认为里面不含有翡翠，就将其作为赌石销售。

赌石卖到国内后，首先是一些实力雄厚的大商家有机会购买，他们会把质量好的挑走，小商家只能购买剩余的品质较差的赌石。大多数时候，普通消费者只能购买这些品质很差的赌石。

三 赌石的经验

出于各种原因，仍有人打算参加赌石，这时我们可以看一下专业人士总结的一些经验和教训，作为参考。

1. 赌石不靠赌

这句话的意思是，买赌石时，不能凭借赌的方法、完全靠侥幸、运气购买，应该依靠科学、理性的分析、判断。因为我们都听说过“十赌九输”，所以，应该尽量系统、深入地学习一些翡翠专业知识和技能，按前面介绍的方法，扎实地观察、仔细地分析，赢的概率才会大一些。

2. 克服心理上的弱点

心理学研究表明，人的心理有很多弱点。在赌石时，需要尽量克服这些弱点。常见的弱点有以下几方面。

（1）自我神话。我们应该尽量克服这个弱点，明白自己的能力、运气和他人基本相当，赌石时，失败的概率会非常大。

（2）贪婪。有的人赌赢了一次或几次，经常会想继续赢；还有的人感觉洗石、擦石赚的钱太少，打算切石，狠狠地赚一把。这些都是贪婪的表现，应该有意识地控制自己，不能指望一夜暴富。

（3)固执。有人赌输了多次，损失已经很大了，但仍不甘心、不放弃，就是通常说的“输红了眼”，十分固执，甚至会孤注一掷，押上身家性命。这也是人们常见的一个缺点。克服它的一个办法是给自己设置一个止损点：损失的钱达到一定数量时，就坚决退出来。

（4）心理承受力。在赌石时，买方的财力、经验、专业知识、运气、心理都要承受严酷的考验。在赌石过程中，人们的情绪经常会产生剧烈波动，大起大落、大悲大喜的事情经常发生，好像坐过山车一样。尤其当受到巨大损失时，需要足够的心理承受力。那么，输了就应该接受结果，愿赌服输。

（5）从众心理。心理学研究表明，多数人会有从众心理，也就是跟风现象，容易人云亦云。买赌石时，需要有自己的主见，不轻信他人，尤其是一些不负责任的话。

3. 正确认识赌石的输赢

前面反复提到赌石的输和赢。网上经常有这样的话：如果赌石里面的种水色好，就是赌赢了，否则就是输了。可能很多人还是不明白输、赢是什么意思。如果自己购买了一块赌石，到底怎么才算赢、怎么才算输呢？其实，赌石的输赢并不是绝对的，它因人而异——就是看赌石的价值和买方的购买价是否匹配。举一个简单的例子：比如，在市场上，一块冰种翡翠明料的价格是 10000 元，一块糯种翡翠明料的价格是 5000 元，一块豆种翡翠明料的价格是 2000 元。假如有一块赌石，我们经过分析，认为它的内部是糯种翡翠，然后花 4000 元买了它。如果切开后，发现里面确实是糯种翡翠，价值高于购买价，这就是赌赢了。如果里面是冰种或玻璃种翡翠，那赢的就更多。但是，如果里面是豆种翡翠或根本不是翡翠，价值低于购买价，就是赌输了。另外，很多时候，赌石不需要切开，也能确定输赢：比如，我们花 2000 元买了一块赌石。经过洗石或切石后，有人认为它价值 5000 元，并按这个价格买走了，这也说明我们赌赢了。

4. 多看少买

“多看”就是指多去市场看赌石、看别人是怎么买的，为自己积累经验。“少买”是指不能贸然购买，尽量在考虑成熟、胸有成竹后再购买。

关于“看”，也有几点需要特别注意：我们经常听到“灯下不观色”这句话，它的意思很多人都明白。我们买赌石时，需要遵守这条原则。在网上买赌石，包括购物网站和直播间，人们都是通过手机、电脑、相机、摄像机等观察赌石的。由于这些电子设备的分辨率远远不及我们的眼睛，所以在网上看到的和实物本身经常不符，不容易看清楚一些细节，包括种、水、色、裂纹等。在这些情况下，我们就需要更加仔细、认真地观察赌石的质量。 此外，现在有些新闻，经常报道一些地方有玉石夜市，情况和网上购买类似：晚上光线昏暗，更需要我们仔细、认真地观察赌石的质量。 此外，购买全赌货时，由于它们没有开门子，更需要我们仔细地观察、分析。

5. 出价合理

前面提过，买赌石时，出价应合理，比如，不能指望花豆种的钱买到玻璃种。那样很可能根本买不到一块赌石，自然就无法赌赢。

6. 多擦少解

前面说过：解石就是切石，风险非常大——切开后，真相大白，如果情况不好，将无法挽回。所以，内行人很少解石，而是多擦石，擦涨后就出手卖掉，赚一些钱就满足，见好就收，不贪婪。

7. 出售赌石

如果自己要出售赌石，一方面需要耐心，慢慢地等待机会；另一方面，尽量不去外地出售。因为去外地，会额外增加很多成本，包括吃、住以及时间成本，最终，很多货主都是忍痛赔钱甩卖，这就是商人常说的“货到地头死”。

第5章

翡翠手镯

翡翠手镯（图 5-1）是最常见的首饰之一，多年来，一直受到女性的喜爱。本章我们介绍翡翠手镯的一些知识，包括手镯的价值、款式种类、加工方法等。

图 5-1　翡翠手镯

手镯的价值

手镯主要有以下几方面的价值。

一 审美和装饰价值

手镯是圆形的。早在公元前 6 世纪至公元前 5 世纪，古希腊有一位著名的数学家和哲学家，名叫毕达哥拉斯，他创立了一个学派，后人称之为毕达哥拉斯学派。这个学派的成员大多是数学家、天文学家、音乐家，他们曾运用数学方法探究“美”的本质，包括“美”是什么、什么构成了美等。

最终，他们提出了“美是和谐”的观点，即和谐即为美。他们举了一个著名的例子：在所有的平面图形中，圆形最美；在所有立体形状中，球形最美。

这一观点与人们的直觉吻合，大多数人最喜欢圆形和球形。

许多人认为圆形和球形是最完美的图形——它们无棱角、中心对称、线条流畅自然，形状饱满，这些都是和谐的表现。

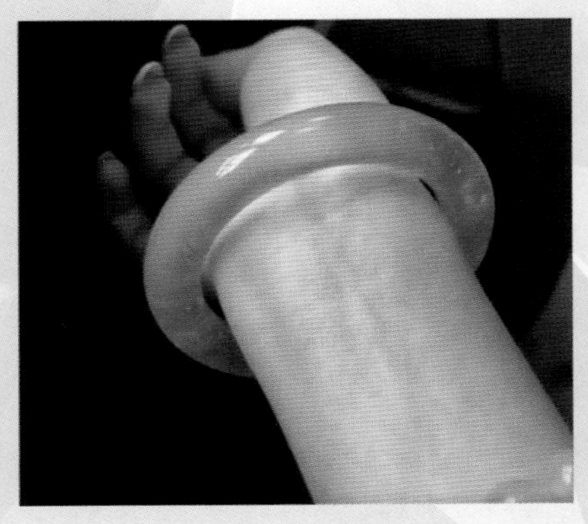
图 5-2　手镯的尺寸

因此，手镯具有一种特殊的圆润美感，具有很高的审美和装饰价值，它能很好地衬托出佩戴者的气质和韵味——优雅、端庄、柔美、温婉、妩媚等，如图 5-2 所示。

手镯还有一个显著的优势，

与其他首饰相比，它的尺寸通常是最大的，更显眼，更引人注目，更便于自己和他人欣赏，因此在审美和装饰上的作用更显著。

二 心理情感价值

由于手镯是圆形的，因而具有美好的寓意——它象征着圆满和团圆。

古代，在许多家庭中，长辈常将手镯作为传家宝留给下一代，代代相传，寄托着家庭永远幸福和团圆的希望。

手镯在爱情和婚姻中也扮演着重要角色，许多年轻男女常将手镯作为定情信物。在两家正式定亲时，人们也常将其作为聘礼。在很多地方，流传着“无镯不成婚”的说法。从清代末期开始，在许多家庭中，女儿出嫁时，父母都会将翡翠手镯作为嫁妆送给女儿。

三 保健养生价值

很多人相信“人养玉，玉养人”的说法，通过佩戴翡翠首饰进行保健养生。与其他一些首饰相比，佩戴翡翠手镯时，这种作用更显著。

（1）翡翠手镯直接与皮肤接触，作用更直接。

（2）由于手腕经常活动，翡翠手镯与手腕之间会产生不断的摩擦。

（3）翡翠手镯的尺寸较大，因此与皮肤的接触面积也较大。

四 经济价值

目前，在各种翡翠制品中，总的来说，翡翠手镯的经济价值最高，销售额最多，有以下几个原因。

（1）手镯的需求量大，因此销量也大。

（2）手镯的尺寸较大，因此单件手镯的价格相对较高。

品质一般的翡翠手镯通常价格在数万元以上，而品质上乘的翡翠手镯价格可达几十万元甚至更高。在翡翠行业里，有一句行话叫“一镯二牌三把件”，它代表了不同翡翠首饰品种的价值排序，大致反映了各种首饰的价值：第一位是手镯，第二位是吊牌，第三位是手把件。在翡翠加工厂，加工翡翠原石时，通常优先考虑制作手镯，然后才会考虑制作其他产品，如图 5-3 所示。

图 5-3　翡翠手镯柜台

第2节 翡翠手镯的款式和种类

翡翠手镯有多种款式和种类，在市场上，常见的有以下几种。

一 福镯

福镯，也称为圆镯或圆条镯。这种手镯的形状特征，简单地说，是“三圆”，详细来说，指的是手镯的外圈、内圈及条杆的横截面均为圆形，如图 5-4 所示。

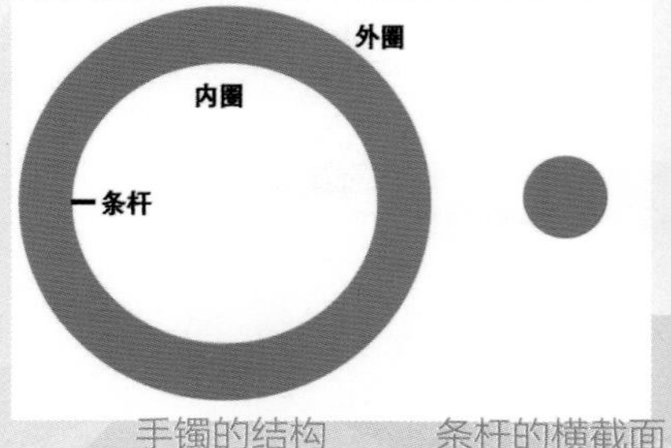

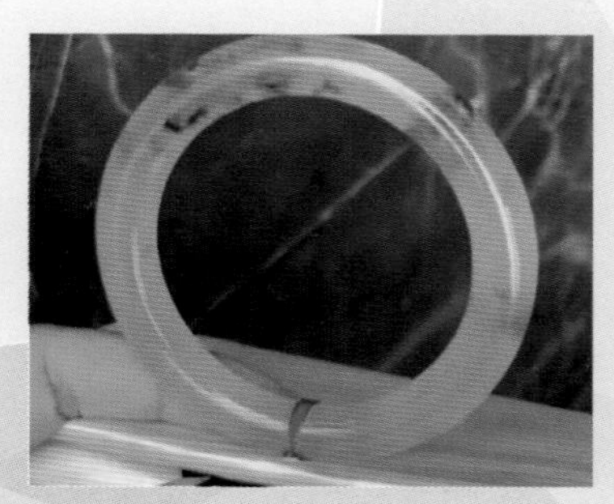

手镯的结构　　条杆的横截面

图 5-4　福镯

由于这种手镯具有“三圆”的特点，人们认为它的寓意更佳——象征生活、事业、家庭的圆满，因此，将其命名为福镯。

福镯的优点在于外形圆润饱满，形状简约却经久耐看，特别体现了《道德经》所述的“大象无形、大音希声”的特质，能够赋予佩戴者一种古典美，彰显其端庄、优雅、温婉、高贵的气质。

因此，这种款式是最传统、最经典的，虽看似平凡，却经受住时间的考验，长盛不衰，且因数量众多、销量大，深受大家的喜爱。

佩戴福镯，寓意着生活的幸福和一切的美满、圆满。

福镯对原料的要求较高：它要求用料实在、产品厚重，因此在原料的损耗和加工时间上都较大，成本相对较高，这导致其售价也较高。据资料统计，在众多拍卖会上，高档翡翠手镯中福镯的比例最高，成为收藏家的首选。

常言道："金无足赤，人无完人。"福镯也有缺点，由于福镯的条杆横截面是圆形的，长时间佩戴可能会使人感到不适。

二 平安镯

平安镯也叫正圈手镯、扁口镯。它的特征，简单地说是"外圆内平"。具体地说是：外圈和内圈都是圆形，条杆的横截面的形状是圆弧形，弧度大小不一，其中，底边基本是平的；有的完全是平直的，有的稍微凸起，如图 5-5 所示。

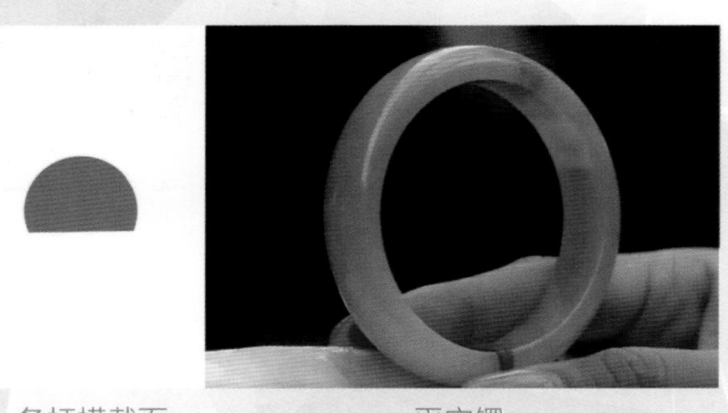

图 5-5　平安镯

由于这种手镯的内圈底边基本是平的，加上条杆的横截面形状类似马鞍，人们便取"鞍"的谐音"安"，将这种手镯命名为平安镯。

平安镯寓意着平安。与福镯相比，它具有以下几个优点。

（1）佩戴时与手腕更贴合，因此感觉更舒适，不硌手腕。

（2）条杆的体积大约只有福镯的一半，显得更加轻灵、秀气。

（3）使用的原料较少，所需的工时也较短，因此价格较低。

目前，平安镯是市场上最受欢迎的款式，据某些资料统计，它的销量占所有翡翠手镯的 90% 左右。

加工平安镯时，对各部分的尺寸，如直径、厚度、宽度等，都有特定要求，因此在翡翠行业中，这种手镯也被称作正装款。

在翡翠行业中，根据条杆的宽度和弧度，平安镯被细分为多种类型，如宽条、窄条、缓鞍、凸鞍等。近年来，宽条平安镯较为流行，如图 5-6 所示，因为它更结实牢固，遇到碰撞等意外情况时，不易破碎。此外，将原料加工成宽条平安镯后，中间剩余的材料较容易利用——足以加工成两个厚度适中的牌子。而以往加工成窄条平安镯时，中间剩余的材料不容易利用：加工一个牌子则厚度过大；加工两个牌子则厚度不足。

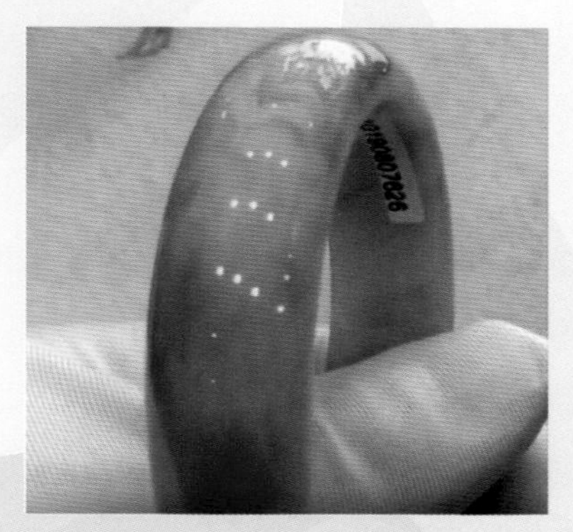

图 5-6　宽条平安镯

由于平安镯的内圈与手腕的接触面积较大，因此对其加工质量的要求很高，尺寸需尽可能精确，打磨需尽可能光滑。否则，手镯可能会摩擦皮肤，造成佩戴者的不适，严重情况下，甚至可能会划伤皮肤。

三 贵妃镯

贵妃镯的名字源自唐朝的杨贵妃。关于这种镯子的起源，有的说法是杨贵妃自己设计并发明的，有的说法是玉器工匠为杨贵妃量身打造的。

贵妃镯也被称作扁条镯或蛋镯，其外形并非正圆形，而是椭圆形，形似蛋状。具体来说，贵妃镯的外圈和内圈都呈椭圆形，而条杆的横截面则有多种形状：有的是弧形，有的则是圆形，如图 5-7 所示。

由此可见，贵妃镯的款式比较特殊，它有以下几个突出的优点。

（1）它的形状与手腕接近，容易佩戴。

（2）在佩戴过程中，手镯能较好地贴合手腕，感觉更舒适。

（3）由于在佩戴过程中手镯贴合手腕，所以不容易晃动，因而不容易发生损坏。

图 5-7　贵妃镯

（4）这种手镯的尺寸较小，因此使佩戴者的手显得更纤细，能突出女性的妩媚感。

贵妃镯寓意富贵、平安，适合手形小巧、手腕纤细的人佩戴。

四　美人镯

美人镯，也称作细条镯，其形状与福镯相同——外圈、内圈以及条杆的横截面均为圆形，不同之处在于，美人镯的条杆较细，其直径通常只有福镯的二分之一或三分之一，如图 5-8 所示。

图 5-8　美人镯

美人镯是南派手镯的代表，其特点是纤细、轻盈、小巧、精致。最初，它是专为南方女性设计的，因为她们大多身材娇小，手腕纤细，美人镯能将她们的风韵淋漓尽致地展现出来。

现在，美人镯寓意着青春靓丽，比较适合年轻以及身材娇小、手腕较纤细的女性佩戴，显得温柔灵动、娇俏可爱，能让人不由自主地联想到楚楚动人的江南美人。

佩戴美人镯，有一定的讲究：要求宽松灵动。也就是说，在购买时，应选择内圈直径较大的，戴上后，手镯应松快地挂在手腕上，能够轻松地晃动，而不是紧紧地箍在手腕上，变成紧箍咒。

此外，传统的江南美人，在佩戴美人镯时，常常会在一个手腕上戴一对，走路时，两只镯子互相碰撞，发出悠扬悦耳的叮当声。现在，也有不少人这样佩戴，人们把它们称为叮当镯，如图 5-9 所示。

美人镯的优势在于其娇俏灵动的特性，而非原料贵重。这一点，一方面通过产品的尺寸和精细的做工得以体现；另一方面，主要通过原料的颜色来体现，具体来说，选料时要挑选带有独特色泽的，如一抹绿色、一抹红色、一抹黄色等。相对而言，美人镯对原料的种类和质地要求并不高，很多美人镯都是使用质地一般的原料制作的。

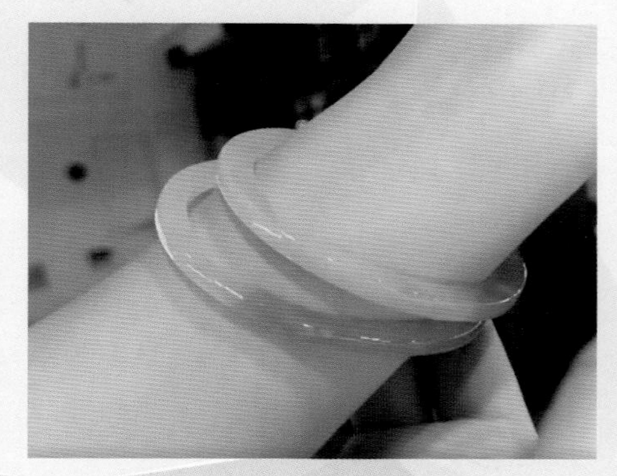

图 5-9　叮当镯

五 方镯

方镯的特点是：外圈和内圈都是圆的，条杆的横截面是方形的，如图 5-10 所示。

方镯是北派手镯的代表，外形饱满，由于条杆是方形的，棱角分明，能够彰显个性，显得干练、坚毅、果断、大气，而且不失端庄、优雅，因而特别适合有气质的职场女性佩戴。

条杆的横截面　　　　方镯

图 5-10　方镯

六 雕花镯

雕花镯也叫工镯，它的特点是镯身上经常雕刻各种图案，如图 5-11 所示。

大多数雕花镯的原料带有一些瑕疵，如裂纹、斑点等，因此通过雕刻来掩盖这些缺陷。

图 5-11　雕花镯

由于雕刻了多种图案，这种手镯的寓意非常丰富。其外形独特、与众不同，能彰显个性，特别适合那些个性突出、有想法、有气质、思想独立的女性佩戴。

七 鸳鸯镯

鸳鸯镯是指成对的手镯。有些鸳鸯镯是从同一块原料中加工而成的；而有些虽然不是来自同一块原料，但它们的某些特征，如颜色、图案等，能够互相搭配和互补，如图 5-12 所示。

图 5-12　鸳鸯镯

鸳鸯镯寓意出双入对、天作之合，象征爱情、亲情的美满、团圆。

鸳鸯镯的原料很难找，很多时候可遇不可求。因此，如果能加工出一对鸳鸯镯，它们的价值会很高，有的甚至会成为绝品。

有的鸳鸯镯还进行了雕刻，寓意更加丰富。

八 麻花镯

麻花镯也叫绞丝镯、扭丝镯等，它的外圈和内圈大多是圆型的，条杆的形状比较特别——像麻花一样，如图 5-13 所示。

麻花镯在银镯里很常见，是一种经典款式。翡翠麻花镯是仿照银麻花镯加工的——有的翡翠原料有一些瑕疵，人们就把它加工成麻花形状，去除瑕疵。

所以，麻花镯也属于雕花镯的一种，这种手镯的外形独特，纹样复杂、精细，有一种复古感，显得很精致。

麻花镯寓意感情永恒，绵延不息。

麻花镯的佩戴舒适性比较差，因为它的内圈凹凸不平，长时间佩戴，会使人感觉硌得难受。

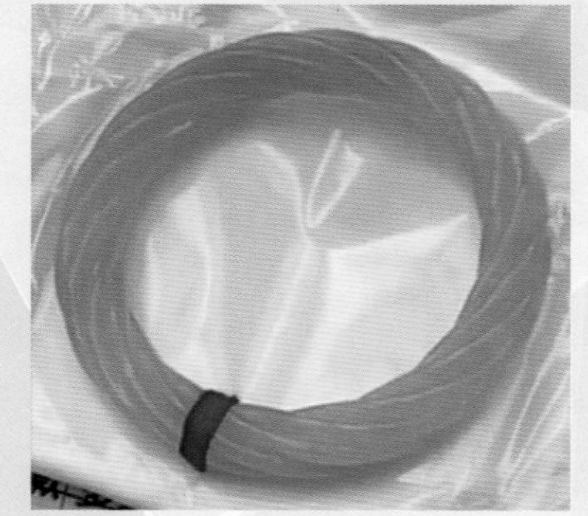

图 5-13　麻花镯

九 金镶镯和银镶镯

金镶镯和银镶镯是指由金或银和翡翠镶嵌在一起制作的手镯，寓意金玉满堂，如图 5-14 所示。

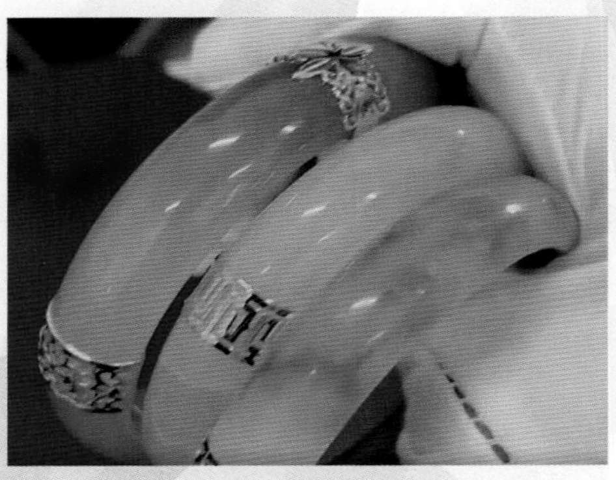

图 5-14　翡翠镶金手镯

翡翠手镯的加工方法

翡翠手镯的加工，主要包括以下步骤。

一 选料

加工翡翠手镯时，首先要选择合适的原料。一般来说，需要考虑以下几个方面。

（1）原料的体积必须足够大，因为手镯本身的尺寸较大，这就要求原料的尺寸也要足够大，以满足加工需求。

（2）原料的种水可以不是最优，但应尽量带有一些颜色，尤其是绿色。对翡翠手镯而言，绿色能够起到画龙点睛的作用。在相同种水的条件下，带有绿色的手镯，哪怕只是一小块，其价值也会得到显著提升。

（3）原料可以有一些斑点、斑块等瑕疵，但应尽量避免有裂纹。如果原料上有裂纹，可能无法加工出完整的手镯。因此，在挑选原料时，需要仔细检查是否有裂纹，特别是那些细小的裂纹，一种比较有效的方法就是使用强光手电筒进行照射检查。

二 切片

切片也叫切石、开片等。对原石有了初步的了解后，使用玉石切割机把原石切成片料，如图 5-15 所示。切割机的刀片表面镀了一层金刚砂，硬度很高，切割速度很快。

切片时，有两个问题需要注意。

图 5-15　原石切片

（1）沿着裂纹切，保证片料的面积。

多数原石的表面有裂纹，所以，切割时，要沿着裂纹切，保证得到面积最大的片料。

（2）切割前，要计划好片料的厚度。

前面介绍过，翡翠手镯的款式和种类繁多，它们的尺寸各不相同，有时差异还相当大。例如，福镯的厚度通常比美人镯的厚度大很多；宽条平安镯也比窄条平安镯要厚一些。因此，同一块原石加工不同款式的手镯，能够得到的手镯数量也会有所不同。

另外，不同种类的手镯其市场价格亦有差异。所以，在进行切割前，需要综合考虑原石的总厚度、可加工出的手镯种类、数量以及各自的市场价格等因素，进而规划片料的厚度，以确保整块原石能够带来最大的经济效益。

举例来说，假设福镯的条杆直径为 10 毫米，而美人镯的条杆直径为 5 毫米。若有一块厚度为 100 毫米的原石，若用于制作福镯，则可以切割出 10 块片料；若用于制作美人镯，则可以切割出 20 块片料。在翡翠加工厂中，除了考虑手镯的收益外，实际上还需考虑取完手镯后剩余的料子可能带来的收益。

因此，需要估算不同方案的收益，最后选择收益最高的方案，据此确定片料的厚度，然后进行切割。

三 画镯圈印

画镯圈印也叫画圈、圈定，就是在片料上画出手镯的形状，如图 5-16 所示。

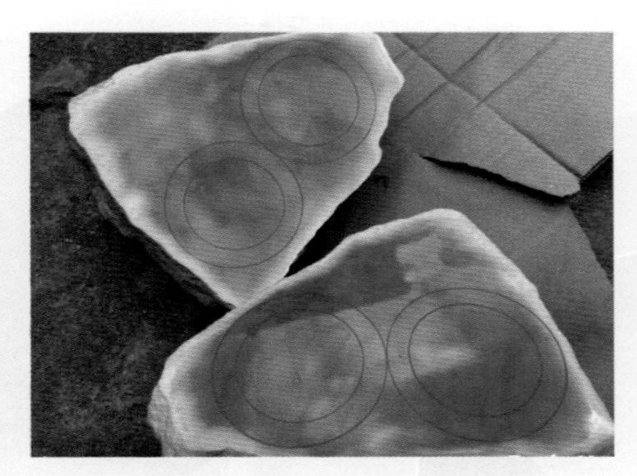

图 5-16 画镯圈印

这一步看着简单，实际上很重要，对画圈人的要求也很高。因为这个步骤决定了片料的总收益。一般来说，画圈人要根据片料的面积、种、水、色的分布、裂纹等情况，安排每个手镯的位置，同时综合考虑每个手镯的类型、尺寸、品质、价格，手镯的个数，以及余料的价值，最终，制定一个最优方案，确定最佳的取镯位置，让整块片料的价值实现最大化。

四 取手镯粗坯

取手镯粗坯即从片料上得到手镯粗坯，在翡翠行业里，这个过程叫套环，具体包括以下两个步骤。

1. 吸外胚

吸外坯使用一种叫套环机的机器。套环机上可以安装钻头，这种钻头的中间是空的，边缘很锋利，所以，它实际上是一种圆锯，如图 5-17 所示。

钻头有不同的型号，各自的直径不一样。所以，需要根据片料上画的手镯外圈的直径大小，选择合适的钻头，安装在套环机上，然后把片料放到套环机的工作台上，钻头对准片料上画好的手镯印。打开套环机的开关，钻头就会高速旋转起来，然后，工人慢慢地转动套环机的手柄，让钻头慢慢地向下移动，这样就可以从片料上切割手镯的外坯了，如图 5-18 和图 5-19 所示。

图 5-17 套环机的钻头

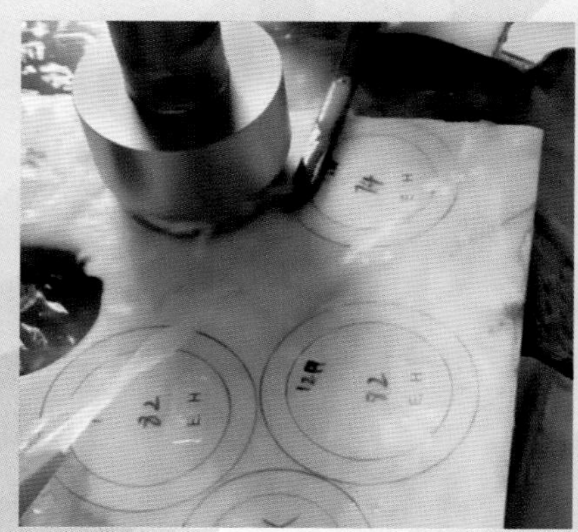

图 5-18 吸外坯

图 5-19 手镯外胚

切下手镯外胚后，检查一下有没有问题，比如有没有裂纹等。

2. 吸内胚

经过检查，发现手镯外坯没有问题，就可以继续下一步——吸内胚。

吸内胚的方法和吸外坯一样，只需要根据手镯外坯上画的内圈的直径，选择合适的钻头，安装到套环机上，然后进行切割，把手镯的条杆切下来，如图 5-20 所示。

这样就得到了一个手镯粗坯，如图 5-21 所示。

图 5-20　吸内坯

图 5-21　手镯粗坯

从粗坯上被切下来的圆形料叫“镯芯”，后面可以用它加工成吊坠等产品。

在整个套环过程中，钻头高速旋转，切割片料，会产生很高的温度，需要不停地喷水冷却，否则片料很容易开裂，如图 5-22 所示。

图 5-22　喷水冷却

五　打磨

手镯粗坯的打磨分为粗磨和细磨。

粗磨是指用颗粒比较粗的砂轮，把粗坯的棱角磨平，初步得到手镯的形状，在翡翠行业里，也常把这一步叫作冲坯或拍边。

冲坯分为手工冲坯和定型机冲胚。手工冲胚一般适用于高档手镯，定型机冲胚一般适用于中低档手镯，如图 5-23 所示。

细磨是指用颗粒比较细的砂轮继续打磨，让手镯的表面更光滑、更圆润，如图 5-24 所示。

手工冲坯

定型机冲胚

图 5-23　冲胚

六 抛光

图 5-24　细磨

打磨完成后，还要对手镯进行抛光，目的是让它呈现很好的光泽，看起来发亮，而且更温润、更通透。

常言说：“货卖一张皮。”经过抛光后，手镯的外观会达到最佳状态，具有最好的视觉效果，看着最漂亮，更容易吸引顾客购买。所以，在翡翠的加工过程中，抛光是至关重要的步骤，在翡翠加工领域，一直有“三分工，七分抛”的说法，意思是，一件成品，比如手镯，在它的价格中，加工只占三成，而抛光却能占到七成，可见抛光所起的作用和人们对它的重视程度。

图 5-25　抛光

抛光分为粗抛和精抛，即分别使用特殊的材料加工手镯表面，让它变得光滑、产生光泽，如图 5-25 所示。

七 清洗

抛光完成后，要对翡翠手镯进行清洗。因为翡翠手镯的表面会沾有一些抛光材料的粉末。在翡翠加工厂里，人们一般使用酒精等进行清洗。

八 上蜡

上蜡也叫打蜡、过蜡，一般是把翡翠手镯浸泡在熔化的液体石蜡中，手镯表面就会包覆一层石蜡，经过擦拭后，翡翠手镯的表面会更光滑，光泽度和透明度会更好，如图 5-26 所示。

另外，上蜡还具有其他有益的作用。

（1）可以填充手镯上的裂纹。

（2）蜡在手镯的表面形成一层保护层，可以防止外界的化学物质、油污等对手镯产生腐蚀和污染等，从而起到一定的保护作用。

图 5-26　上蜡后的手镯

从上面的介绍可以看到，翡翠手镯的成本很高，主要体现在以下两个方面。

（1）手镯的用料多。这一方面是因为手镯本身的体积大；另一方面，在整个加工过程中，几乎每一步都会产生很多废料，多数废料无法进行再利用，因此，手镯对原料的损耗很大。在所有的翡翠制品中，手镯的用料仅次于蛋面（后面我们会介绍翡翠蛋面）。

（2）手镯的加工工艺复杂。上面介绍了，加工一只手镯，要经历多道工序，非常复杂，每一步都要花费大量的时间，而且不能出现严重的失误，否则，很容易使产品报废。

因此，这使得翡翠手镯的价格比较高。

第6章

翡翠蛋面

翡翠蛋面的表面是圆弧形的，和蛋的形状很像，所以叫蛋面，可以制作戒指、吊坠、耳饰、胸饰等首饰，如图 6-1 所示。其中，制作戒指的蛋面叫戒面。

图 6-1　翡翠蛋面

第1节

翡翠的眼睛——蛋面

蛋面被称为“翡翠的眼睛”，它是品质最好、价值最高、最珍贵的翡翠产品。为什么这么说呢？我们看看原因。

一 原料的品质好

蛋面的尺寸比较小，但佩戴的位置比较显眼，因此人们对它的外观要求比较高，包括水头、颜色、光泽、瑕疵等。所以，在制作蛋面时，对原料的品质要求很高，具体体现在以下几个方面。

（1）种。高品质的蛋面要求用冰种甚至玻璃种翡翠制作，糯种以下的很少。因此，蛋面的质地特别细腻，光泽很强。

（2）水。要求水头要足，看起来通透、有灵气。

（3）色。要求颜色纯正、鲜艳、浓郁、均匀。

（4）瑕疵。要求质地纯净，不能有明显的瑕疵，如裂纹、斑点等。

（5）尺寸。要求具有足够的尺寸，包括长度、宽度、厚度等。

可见，蛋面对原料的要求很严格，甚至苛刻。

在开采的翡翠原石里，只有少数能满足蛋面的要求，在这少数原石里，往往只有很小一部分（大多数尺寸只有黄豆粒大小）才适合制作蛋面。无疑，翡翠蛋面的原料是翡翠原石中品质最好的部分，是原石的精华、灵魂。

二 加工质量高

如上所述，蛋面的原料品质很好，非常稀少、珍贵，所以，对加工工艺的要求很严格，加工质量很高。在翡翠加工领域，有一句行话，叫“好料配好工”，对蛋面来说特别恰当。

具体来说，蛋面的加工质量有下面几个特点。

（1）形状规则、准确。加工蛋面时，要求蛋面的形状必须规则、准确，尽量接近标准的几何形状，如圆形、椭圆形等。不能歪斜、扭曲，圆不像圆，方不像方，也不能有多余的凸起、凹陷、棱角等。

外形美观，具有审美性。要求蛋面各部分的尺寸合适，比如长、宽、高的比例；各部分的角度适当，整个蛋面看起来形状饱满、美观。

（3）对称性好。要求翡翠蛋面以中轴为线，左右对称，不能偏、不能歪、不能扭。

（4）加工缺陷少。比如，不能有划痕、凹坑、裂纹、崩角、缺损、歪扭等缺陷。

（5）抛光质量好。抛光后，蛋面的表面要很光滑，水头足，看起来通透，有灵气，而且具有强烈的光泽。在自然光下，可以看到明显的荧光。

从图 6-1 及图 6-2 中，我们可以体会蛋面的上述特点。

生意人常说：“货卖一张皮。”如果蛋面的外观漂亮，就有助于提高它的价值，很容易吸引顾客购买；反之，即使原料的品质很高，如果外观不能吸引顾客，也不能转化为效益，甚至可能造成亏损。

图 6-2 “翡翠的眼睛”——蛋面

要想使蛋面的外观漂亮，在很大程度上取决于加工质量，因此，蛋面对加工质量的要求非常高。尽管蛋面的形状简单，但要想达到上述要求，对加工者的技术水平仍是一大考验。

三 原料损耗多

图 6-3　蛋面对原料的损耗

在制作蛋面的过程中，对原料的损耗通常较大。很多时候，从一块翡翠原石中取出蛋面后，周围的大部分原料可能会受到损坏，变成无法再利用的废料。在所有的翡翠产品中，蛋面对原料的损耗是最严重的，如图 6-3 所示。

四 价格昂贵

从上述几点可以看出，无论是原料还是工艺，翡翠蛋面都代表了翡翠中的最高品质，因此，蛋面的价格通常非常昂贵。

在平时，我们所见的翡翠产品主要是手镯和吊坠等，蛋面相对少见。加上蛋面的尺寸较小，不够显眼，所以很多人容易忽视它，误以为它的价值不高。

然而，这其实是一种错觉。如果大家去市场里观察，就会发现许多翡翠蛋面的价格异常高昂，常常远超手镯：标价几万元、十几万元的蛋面很常见，而高品质的蛋面价格达几十万元甚至更高。

如果按照单位重量来计算价格，例如克价，高品质的翡翠蛋面价格甚至可能超过钻石。笔者曾在北京玉器厂看到一颗大小类似黄豆的翡翠蛋面，其标价高达 38 万元，是同等尺寸钻石价格的数倍。

在玉石界，翡翠被誉为“玉石之王”，而蛋面则是翡翠中的王者，是名副其实的“翡翠之王”。本书作者认为按照价值高低来排列，翡翠制品的价值顺序可以概括为“一蛋二镯三玉牌”。

第2节 翡翠蛋面的款式和种类

翡翠蛋面有不同的款式和种类。常见的一种分类方法，是按照俯视图的形状，主要分为下面几种。

一 圆形

这种款式最常见，如图 6-4 所示。它对加工者的技术要求最高，因为我们可以想象到：把原料加工成标准的圆形特别难。

二 椭圆形

这种款式也很常见，如图 6-5 所示。

图 6-4 圆形蛋面

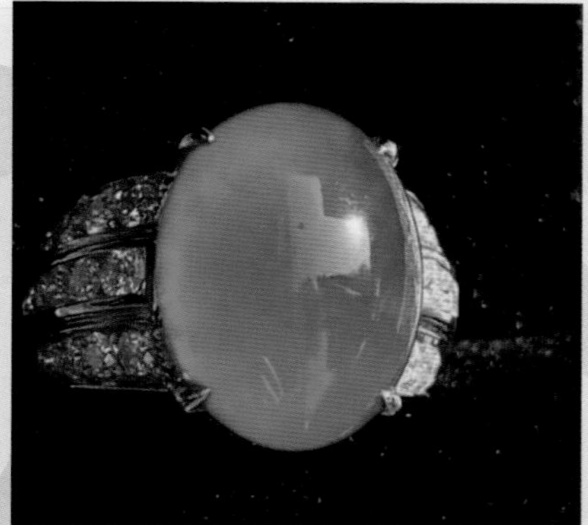

图 6-5 椭圆形蛋面

三 马眼形

这种款式的形状像马的眼睛：中间宽，两头是尖的，如图 6-6 所示。

四 马鞍形

这种款式的形状和马鞍很像，整体是长方形，看着有一种刚强的感觉，如图 6-7 所示。

图 6-6　马眼形蛋面

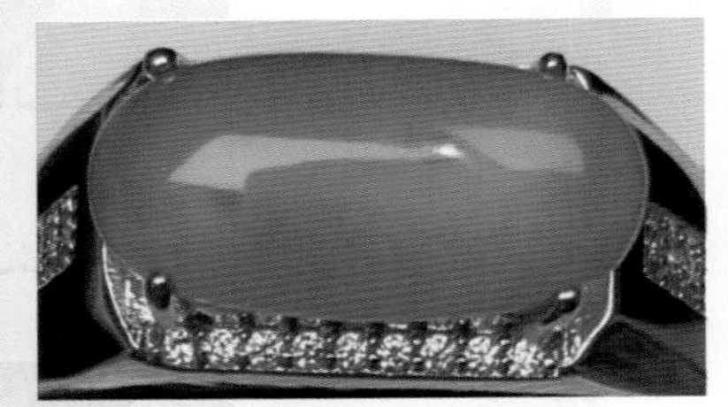

图 6-7　马鞍形蛋面

五 方形

这种款式看着很方正，显得比较刚强、硬气，如图 6-8 所示。

六 水滴形

这种款式的形状像水滴，如图 6-9 所示。

图 6-8　方形蛋面

图 6-9　水滴形蛋面

七 随形

这种款式的形状不太规则，而且多种多样，如图 6-10 所示。

这种款式的设计宗旨是尽可能地利用原材料。正如前文所述，适合加工成翡翠蛋面的原料稀缺且珍贵，而原料本身的形状大多不规则，如果强行将这些不规则的原料加工成之前提到的那些规则形状的款式，会浪费掉周边的原料。因此，为了最大限度地利用原材料，人们便采用这种不规则的款式进行加工。

图 6-10　随形蛋面

尽管这种款式的形状不遵循传统的规则性，但它的最大优势在于：大多数成品都具有独特且唯一的形态，并且很多都散发出一种特别的韵味。因此，这种款式非常适合追求个性化表达的人佩戴。

八 其他分类方法

翡翠蛋面还有其他的分类方法，比如，按照侧视图的形状，可以分为下面几种。

（1）单凸型，是指蛋面的上面是凸起的，而底面是平的，如图 6-11 所示。

（2）双凸型，是指蛋面的上面和底面都是凸起的，如图 6-12 所示。

（3）挖底型，是指蛋面的底部被挖去了，如图 6-13 所示。

我们可以看出，这三种蛋面的用料各不相同：双凸型蛋面使用的原料最多，单凸型蛋面次之，而挖底型蛋面使用的原料最少。

图 6-11　单凸型　　图 6-12　双凸型　　图 6-13　挖底型

此外，它们所用原料的品质也常常有所区别：一般来说，双凸型蛋面的种质和透明度最佳，这是因为它的厚度最大；单凸型蛋面的种质和透明度稍逊一筹，其厚度较薄，加工者通过减少厚度来提升原料的透明度；至于挖底型蛋面，其种质和透明度最差，可能还会存在一些瑕疵，因此加工者在去除瑕疵的同时减薄其厚度，这样做可以显著提升产品的透明度，使产品看起来更通透。

因此，它们的价值也随之逐级降低。据资料介绍，如果将双凸型蛋面的价值设定为 100 元，那么单凸型蛋面的价值在 80 元左右，而挖底型蛋面的价值则只有 30 元左右。

翡翠蛋面的加工方法

翡翠蛋面的加工，主要包括下面几个步骤。

一 选料

前面提到，翡翠蛋面对原料的品质要求极高，种、水、色、净度、尺寸等要素必须一应俱全，缺一不可。

因此，满足这些条件的原料难以寻找，通常是可遇而不可求。

一旦发现了这样的原料，通常会优先考虑制作蛋面，而非其他产品（如手镯）。这是因为蛋面的价值较高，能带来更好的效益。

反之，如果原料的品质不达标，就应该考虑制作其他产品，不宜勉强制作蛋面。因为一旦制成的蛋面品质不佳，其价值就会大打折扣，可能出现“料不抵工”的情况。如果再考虑到损耗的原材料和加工费用，最终的效益可能还不如其他产品，因此并不经济。

二 设计

原料选好后，再根据原料的尺寸、形状、瑕疵等情况，设计蛋面的款式、形状、尺寸、数量、位置等，在原料上画出标记，如图 6-14 所示。

三 制作粗坯

切割原石，把标记蛋面的位置切下来，然后进一步切割，制成蛋面粗坯，如图 6-15 所示。

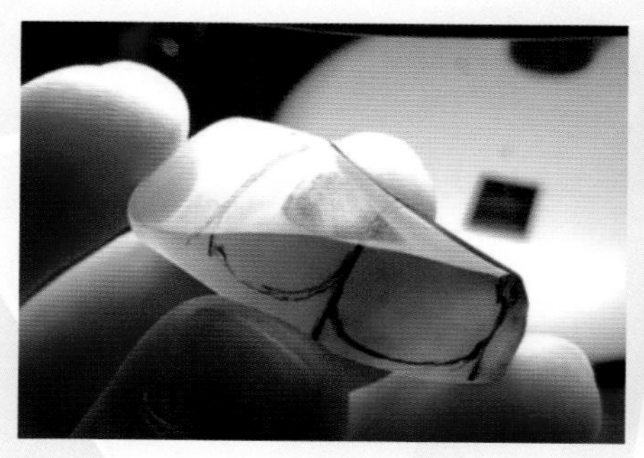
图 6-14　蛋面的设计

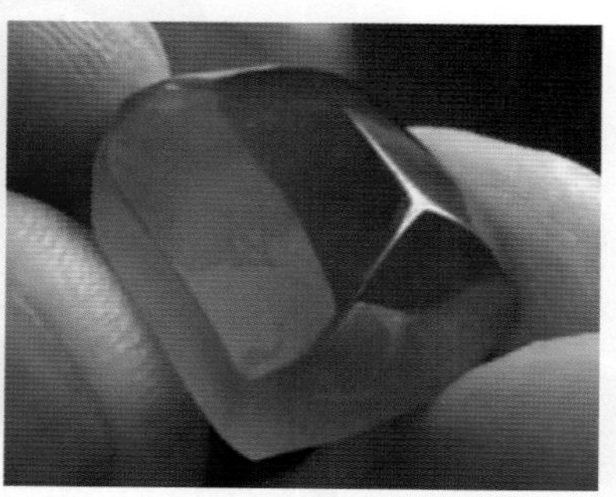
图 6-15　蛋面粗坯

四 打磨

对蛋面粗坯进行打磨。打磨分为粗磨和细磨。

粗磨是用颗粒比较粗的砂轮，把粗坯的棱角磨平，初步得到蛋面的形状，如图 6-16 所示。

图 6-16　粗磨

经过粗磨后，蛋面的表面较为粗糙，外观上还不够美观，因此，需要对其进行进一步的细磨处理。

细磨是使用较细颗粒的砂轮继续打磨的过程，它能使蛋面的形状更加精确，并且使表面变得光滑、圆润且有光泽。

由于蛋面的粗坯尺寸较小，直接用手拿取进行打磨不仅不方便，还容易使蛋面掉落，同时也容易使手部感到疼痛。因此，人们通常使用一种专门的胶粘剂将蛋面固定在一根棒子的一端。这根棒子的大小与筷子相仿，可以是木制的、竹制的或金属的。粘固完成后，手持棒子，就能方便地进行打磨工作了，如图 6-17 所示。

在打磨的过程中，磨一会儿就要停下来，看看打磨的效果，如果发

图 6-17 把蛋面粘在棒子上打磨

现有问题，就要及时调整。有时候，需要改变粗坯在棒子上粘接的位置，对粘接位置稍微加热一会儿，胶就会变软，就可以把粗坯取下来，然后调整位置，重新粘上，待胶冷却到室温后，就会重新固化，把粗坯和棒子牢牢地粘住，这样就可以继续打磨了。

五 抛光

抛光可以让蛋面的表面更光滑，从而具有最好的光泽、水头，看起来通透、发亮。为了保证抛光的效果和效率，人们经常使用钻石抛光粉或抛光膏作为抛光材料。

抛光完成后，就得到了最终的蛋面，如图 6-18 所示。由于蛋面原料的种、水特别好，所以一般不需要上蜡，上蜡反而会降低蛋面的水头和光泽。

图 6-18 加工好的蛋面

总的来说，制作蛋面既耗费原料又耗费人工，其周围的许多原料在加工过程中被磨掉，无法再制成其他产品；而且，加工工序繁多，所需的时间也较长。

如前所述，制作蛋面存在一定的风险：如果制作成功，其价值可能会非常高；如果制作失败，就很容易亏本，还不如制作成手镯等其他产品。此外，蛋面类产品的销量通常不如手镯，导致资金周转速度较慢。因此，在决定制作蛋面之前，需要仔细权衡其利弊。

第7章

翡翠珠链

翡翠珠链主要包括项链和手链，也是一类重要的首饰品种，使佩戴者具有一种高贵、典雅的气质，历来都受到人们的欢迎，如图 7-1 所示。

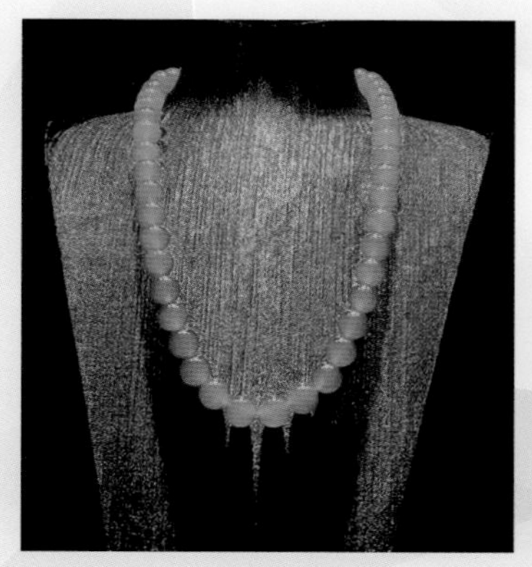

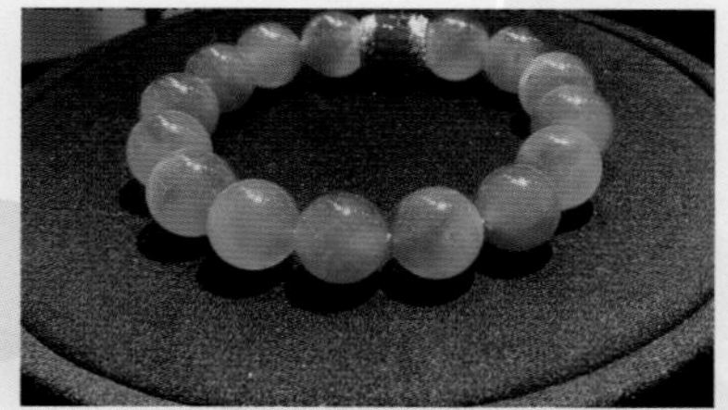

图 7-1 翡翠珠链

翡翠珠链的特点

我们通常会认为翡翠珠链平淡无奇，因为它仅由一串圆珠组成，形状简单，看似没有特别之处。

下面让我们来了解一下翡翠珠链独有的一些特点。

一 原料的品质好

翡翠珠链对原材料的要求包括下面几个方面。

（1）种、水、色均需上乘，且纯净无瑕疵。相较于蛋面，多数珠链的整体品质略逊一筹。

（2）均匀性。由于珠链由多颗珠子串成，要求这些珠子在种、水、色上尽可能保持一致。

图 7-2　品质较差的珠链

（3）体积。许多珠链的珠子来源于同一块原石，因此需要原石具有足够的体积。

因此，翡翠珠链对原料的要求同样非常严格。当然，也有人使用制作手镯后剩余的边角料来制作珠链，这样的珠链品质相对较差，如图 7-2 所示。

二 加工难度高

珠链的加工难度很高，主要体现在以下几个方面。

（1）形状的准确性。对于圆珠链来说，要求珠子的形状尽可能接近标准的圆球形。

（2）加工缺陷。要求珠子上不能有显眼的加工缺陷，如多余的凸起、凹坑、裂纹或划痕等。

（3）珠子的均匀度。要求珠链上的各个珠子形状一致，有的珠链要求珠子大小完全相同，而有的珠链则要求珠子的尺寸按照一定的规律变化，以形成特定的装饰效果。

（4）抛光质量。要求珠子表面必须光滑，光泽强烈，并且具有良好的通透性。

因此，尽管珠链看起来形状简单，不需要复杂的雕刻工艺，但实际上其加工过程是非常复杂的，如图 7-3 所示。

图 7-3　翡翠珠链的特点

三 价值高

由于上述原因，翡翠珠链的价值通常很高，在所有的翡翠成品中，它属于价值最高的类别之一。正因为如此，翡翠珠链经常被视为个人和企业财富与实力的象征。例如，我们经常在电视和网络上看到一些名人和明星佩戴翡翠珠链；同样，在商场里，我们也常常会看到翡翠企业的展示柜中摆放着翡翠珠链。

此外，高品质的翡翠珠链不仅具有很好的保值功能，而且还拥有升值潜力，成为一种重要的投资工具，深受众多投资者的欢迎，被誉为“保值率之王”。在一些著名的拍卖会上，翡翠珠链经常扮演着重要角色。

接下来，让我们一起欣赏一下世界上最贵的七条翡翠珠链。

1. 成交价：2.14 亿港元

2014 年，著名的苏富比拍卖行在香港举行了春季拍卖会。当时，一条翡翠珠链以创世界拍卖纪录的价格成交，成为世界上最昂贵的翡翠珠链，也是最昂贵的翡翠首饰。这个纪录一直保持到了今天!

这条珠链有自己的名字，叫 Mdivani。它有 27 颗圆珠，珠子的直径在 15.4~19.2mm 之间，种、水、色都很好，而且尺寸大。

这条珠链的经历富有传奇色彩：相传，最初它是清朝宫廷里的朝珠，后来世界著名的卡地亚（Cartier）珠宝公司将其设计成了翡翠珠链，曾一度成为美国名媛芭芭拉·赫顿的至爱。

这条翡翠珠链被拍卖过三次：第一次是 1988 年，成交价是 200 万美元，成为世界上最贵的翡翠首饰。第二次是 1994 年，成交价升至 420 万美元。第三次就是 2014 年，卡地亚公司又得到了它，一直保存至今。

我们可以算出：这条珠链的每颗珠子的价格平均为 793 万港元，可以在一线城市买一套房了。

2. 成交价：1.06 亿港元

2012 年，在一次拍卖会上，一条翡翠珠链以 1.06 亿港元的价格被拍卖。它有 23 颗珠子，每颗直径在 20.7~27.4mm 之间。

3. 成交价：9572 万港元

2017 年，在另一个世界著名的拍卖公司——佳士得拍卖行举行的秋季拍卖会上，一条翡翠珠链以 9572 万港元的价格成交。它有 29 颗珠子，直径在 14.7~15.9mm 之间。

4. 成交价：8070 万港元

2020 年，在苏富比春季拍卖会上，一条翡翠珠链以 8070 万港元的价格成交。它有 37 颗珠子。

5. 成交价：7300 万港元

2019 年，在佳士得秋季拍卖会上，一条翡翠珠链以 7300 万港元的价格成交。它的珠子是分别从两块几乎一模一样的原石上取得的，因此，人们给它取了一个美好的名字，叫“天作之合”。珠子的直径在 12.4~15.9mm 之间。

6. 成交价：7262 万港元

1997 年，在香港举办的佳士得秋季拍卖会上，一条翡翠珠链以 7262 万港元的价格成交。它也有一个名字，叫“双彩”。它有 27 颗珠子，直径约 15.5mm。人们估计，它现在的价值在 1.5 亿港元以上。

7. 成交价：6296 万港元

2020 年，在苏富比秋季拍卖会上，一条翡翠珠链以 6296 万港元的价格成交。它有 43 颗珠子，直径在 12.6~13.7mm 之间。

翡翠珠链的加工方法

翡翠珠链的加工，包括以下主要的步骤。

一 选料

翡翠珠链对原料品质的要求仅次于蛋面：要求种、水、色俱佳，且瑕疵较少。

在原石体积的要求上，珠链比蛋面更严格。这不难理解：由于珠链需要众多珠子，因此必须确保满足条件的原石体积足够大。

二 设计

选好原料后，需要在其上标记出珠子的位置，并绘制出图形，如图7-4所示。

在绘制珠子图形时，其尺寸应略大于实际所需尺寸，以便于后续的打磨工作。

还有一点需要特别注意：在珠子图形绘制完毕后，必须清点并确认珠子的数量。这个数量应比珠链实际所需的数量多出几颗，这是为了留出一定的余量。因为在加工过程中，部分珠子可能会损坏，无法使用。

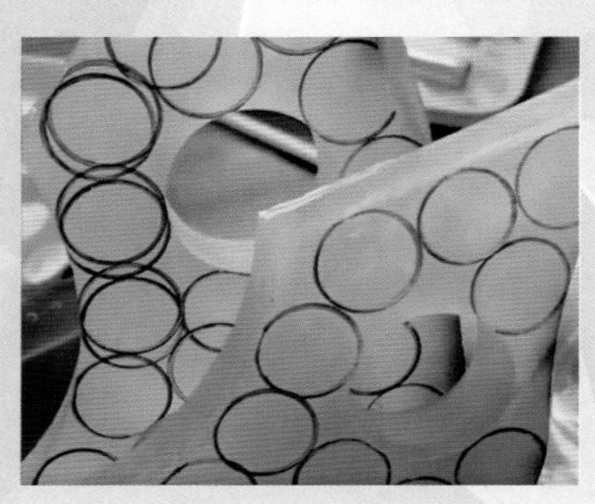

图7-4 设计

如果发现原料上可供加工的珠子数量不足，我们可以选择减小珠子的尺寸以补足其所需数量；或者考虑放弃制作珠链，转而制作其他产品。

三 取料

切割原石，制作珠子的粗坯。在翡翠加工领域，人们把这一步叫“吸珠”，如图 7-5 所示。

珠子的粗坯一般是小正方体或圆柱体，如图 7-6 所示。

图 7-5 吸珠

图 7-6 珠子的粗坯

四 倒角

把粗坯的棱角去掉，把它们初步加工成珠子的形状，这一步叫“倒角”。倒角一般是用一种叫倒角机的机器进行的，加工速度很快，效率很高，如图 7-7 所示。

图 7-7 倒角

倒角特别废料，因为那些棱角完全被磨成了粉末，无法再利用了。

五 打磨

对粗坯进行打磨，这一过程也称作磨圆，包括粗磨和细磨两个步骤。

图 7-8　打磨

粗磨的目的是将粗坯打磨成圆形，而细磨则使珠子的表面更加光滑和圆润。

一般的产品是通过机器进行打磨的，使用的机器被称为磨珠机，它具有很高的打磨效率。然而，对于品质特别上乘的珠子，通常采用人工打磨的方式，以确保产品品质量，如图 7-8 所示。

六 打孔

打孔分为机器打孔和人工打孔两种。

品质一般的珠子通常使用机器打孔，常用的方法是超声波，这种方法效率很高，能够节省人工成本，如图 7-9 所示。

品质特别好的珠子则依靠人工打孔。首先，需要认真检查珠子的各个位置，挑选出合适的打孔点，然后使用电钻等专用工具进行打孔。

在打孔过程中，珠子很容易因为受力不当而发生破裂，导致报废。总的来说，机器打孔时孔的位置是随机确定的，可能不会避开质地较疏松或已有裂纹的脆弱部位，这就增加了珠子在打孔时破裂的风险。

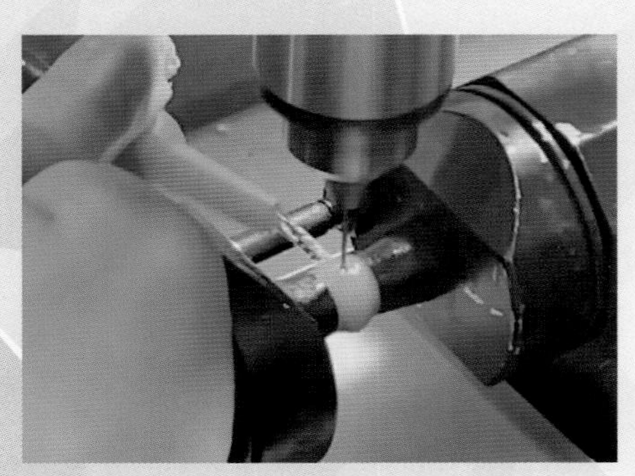
图 7-9　打孔

人工打孔则可以更加精准地避开这些脆弱的位置，因此更安全。

七 抛光

抛光可以使珠子表面更加光滑，展现出强烈的光泽，同时让珠子看起来更具有质感。

抛光分为手工抛光和机器抛光两种方式。手工抛光通常一次只能处理一颗珠子，因此抛光质量更优；相比之下，机器抛光能够同时处理许多珠子。使用的机器名为振动抛光机，有时也称为震桶，机器内部装有抛光材料，只需将多个珠子放入其中，便能同时进行抛光，如图 7-10 所示。

八 串链

抛光完成后就可以把珠子串成珠链了，如图 7-11 所示。

图 7-10 震桶抛光

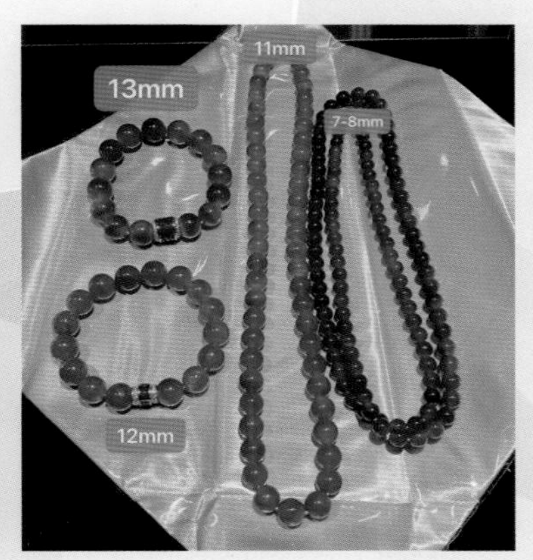

图 7-11 珠链成品

第3节

翡翠珠链的市场情况

和其他品种相比，翡翠珠链（图 7-12 所示）尤其是项链的市场情况有自己的特点，主要体现在以下几个方面。

一 原料成本高

图 7-12　翡翠项链

制作翡翠项链需要高品质的原料，同时消耗的原料量也相当大，这主要体现在以下三个方面。

（1）项链所需的珠子数量众多，因此所需的原料量也较大。

（2）在加工珠子的过程中，许多原料会因制作而损耗。

（3）所消耗的原料均为品质上乘的优质料。

二 加工成本高

加工项链的难度较大，且所需时间较长。大多数项链要求所有珠子的圆度良好，并且大小保持一致；而有的项链则要求珠子的尺寸按照一定的标准有序变化，例如逐渐增大。

三 价格高、需求少、风险大

由于上述两个特点，高品质翡翠项链的市场价格很高，而普通消费者的购买能力相对有限。因此，翡翠项链的销量较小，销售周期较长，不容易快速变现，这会导致大量资金被占用，从而使得商家的资金周转速度减缓。

所以，对大多数商家而言，加工翡翠项链的风险较大，经济效益并不划算，因此他们一般不会优先选择生产翡翠项链，而是更倾向于加工手镯、吊坠等“短、平、快”类型的产品。

四 潜在利润可观

所有的事物都具有两面性，翡翠项链也不例外。在许多行业中，都存在这样一种产品，就是俗话说的“三年不开张，开张吃三年”。翡翠项链正是这样一个典型的例证。

也就是说，翡翠项链的潜在利润非常可观。从长远来看，它能够带来丰厚的回报，尤其是那些高品质的项链，它们属于极度稀缺的产品，在市场中难得一见，因此具有巨大的升值潜力，深受高端客户的追捧。

基于这一点，一些实力雄厚、资金充足且具有长远眼光的商家会选择投资翡翠项链。

第8章

翡翠的雕琢

常言说："玉不琢，不成器。"很多翡翠产品都需要进行雕琢，例如我们常见的挂件（佛公、吊牌、绿叶、竹节、福豆、福瓜等），以及尺寸较大的摆件，如翡翠白菜等工艺品，如图 8-1 所示。

图 8-1　翡翠雕件——"龙马精神"

雕琢方法

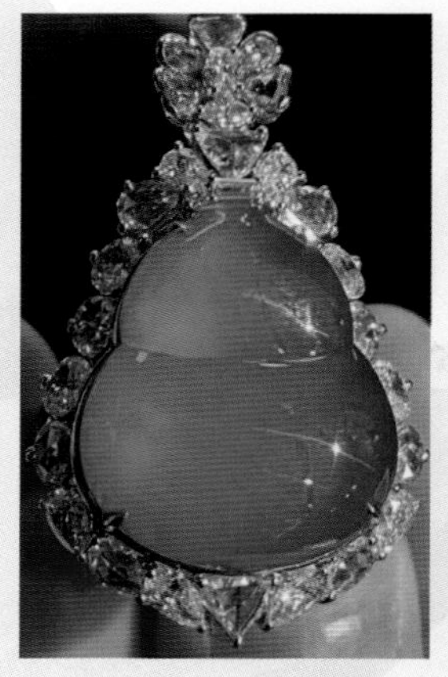
图 8-2　翡翠葫芦

一　雕琢题材

翡翠雕琢的题材有很多，主要包括人物、动物、植物、器具、风景等。人物包括神话传说中的人物，常见的有佛、观音、历史人物，如关公；动物包括飞禽走兽，如鸟、鱼、马、龙、麒麟、貔貅等；植物包括梅、兰、竹、菊、绿叶等各种花卉；器具包括首饰、家居用品、日用品等；风景包括山水、亭台楼阁等，如图 8-2 所示。

二　雕琢的步骤

在古代，玉器的雕琢也叫“琢玉”“碾玉”“治玉”。

翡翠的雕琢和其他玉石的雕琢基本相同，主要包括选料、设计、下料、雕琢、抛光、上光等步骤。

1. 选料

选料就是从市场上挑选合适的材料，包括颜色、质地、形状、尺寸、缺陷等。因为每个玉雕师都有自己的特长，比如，有的擅长雕刻小件，有的擅长雕刻大件；有的原料，自己感觉有把握，而有的原料，可能感觉不容易处理，把握不大。所以，玉雕师需要根据自己的特长，选择合适的原料。

2. 设计

选好原料后，如果原料的尺寸比较大，经常把它切割成小块，这样便于设计和雕琢。在雕琢前，玉雕师要根据原料的特征进行设计，也就是确定要雕什么类型的产品，以及怎么雕琢。设计时，玉雕师先对原料的外观进行全面观察，在玉雕行业里，人们经常把这一步叫“相玉”。它的作用是让玉雕师对原料的特征有一个初步的了解，便于后面的设计。然后，玉雕师根据原石的特征，进行产品的构思、设计，并且反复修改，争取把原料的各种特征都巧妙地利用起来，雕成一件精美的、富有创意的艺术品。

在设计时，一般需要遵循以下几个原则。

（1）设计方案要有创意、新意，尽量不与别人的作品雷同。

（2）要尽可能最大程度地利用原料，不浪费。

（3）尽量把原料上面的质地、颜色好的位置凸显出来，让人们更容易看到。

（4）尽量遮掩、去除原料上面的缺陷、瑕疵。

设计是翡翠雕琢的关键，在很大程度上决定了最终产品的价值。

所以，这一步最能考验玉雕师的水平。要想创作出高水平的产品，需要玉雕师有丰富的知识，包括自然科学知识和人文科学知识。自然科学知识包括人物、动物、植物的结构、构造等；人文科学知识包括历史、民俗、神话、传说等。另外，玉雕师还要有丰富的想象力。这样，玉雕师在设计产品时，思路越开阔，题材越丰富，产品就越准确，内涵就越深厚。

所以，很多玉雕师平时需要广泛地学习各方面知识，不断提升自己，在设计产品时，还经常进行“头脑风暴”，互相讨论、商量，集思广益，最终做出高质量的产品。

设计好雕琢的方案后，玉雕师会在原料表面画出图样。在翡翠行业里，叫“勾样”，如图 8-3 所示。

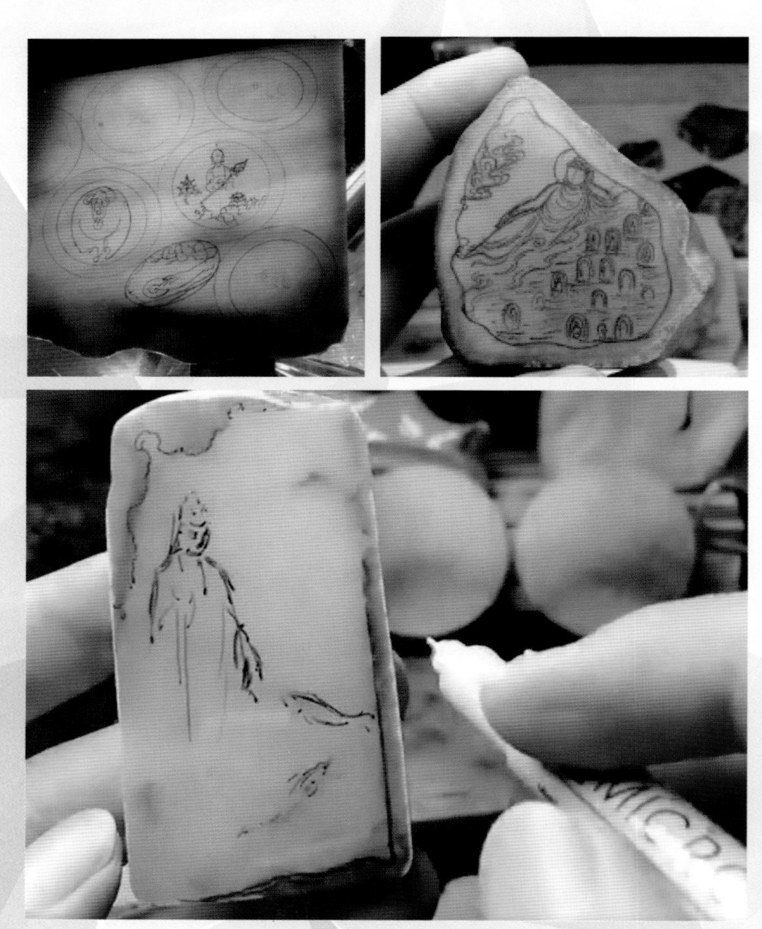

图 8-3　设计

3. 下料

下料是指把产品的坯料锯下来，如图 8-4 所示。

4. 雕琢

雕琢分为粗雕和细雕两步。

粗雕也叫作胚，就是按照原料上的图样，把原料雕琢出初步的造型，具有一个大致的轮廓，如图 8-5 所示。

图 8-4　下料

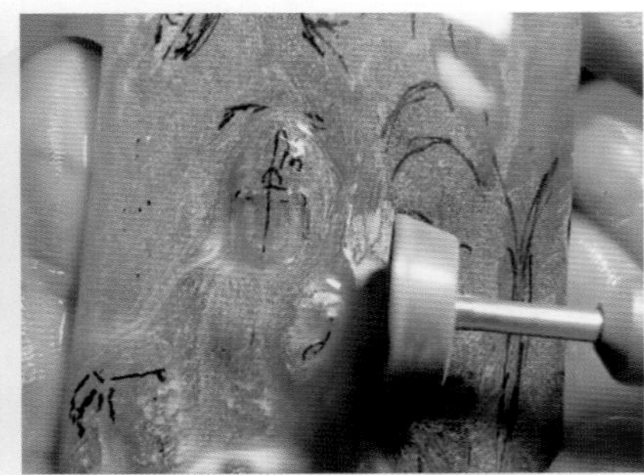
图 8-5　粗雕

细雕是对粗雕产品进行细致、精细地雕琢，也就是所谓的“精雕细琢”，得到最终的造型，如图 8-6 所示

图 8-6　细雕

在雕琢过程中，需要一直向雕琢的位置喷水。其目的有两个：一个目的是起冷却作用，防止翡翠开裂；另一个目的是把磨下来的玉石碎末冲洗掉，否则会影响雕琢的准确性和效率。

5. 抛光

细雕完成后，产品表面比较粗糙，光泽较弱，完全没有晶莹剔透的感觉，在翡翠行业里，这种产品叫毛货，如图 8-7 所示。

有的商家专门销售毛货。因为它的加工时间短，商家可以快速回笼资金，资金周转速度快；另外，它可以避免起货风险：人们不容易发现毛货内部的瑕疵。

所以，毛货需要进行抛光，使产品的表面光滑，显得光洁温润。

6. 上光

上光也就是上蜡，进一步增加产品的光泽，并起到一定的保护作用，如图 8-8 所示。

图 8-7　毛货

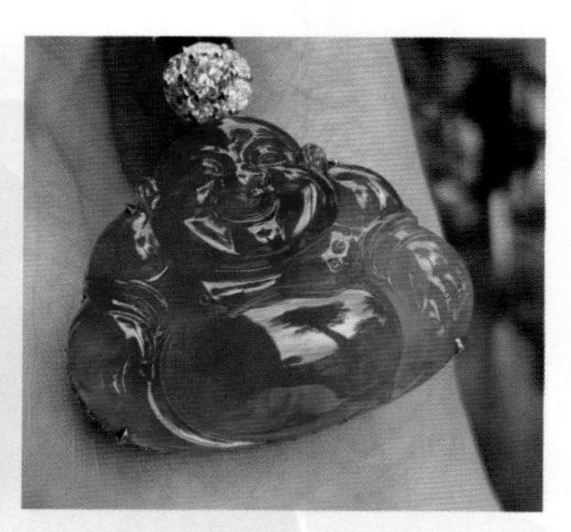

图 8-8　上光后的成品

雕琢技巧

在翡翠雕琢领域，人们经过多年的实践，总结出以下几种技巧，这些技巧有助于创作出高质量的玉雕作品。

一 因材施艺

因材施艺也称为因料施艺，它是玉雕中要遵循的最重要的原则之一。因为每块翡翠原石都是独一无二的，它们的颜色、形状、裂纹等都各不相同，各具特点。因此，玉雕师在设计雕琢方案时，不能仅根据自己的主观意愿去设计，而应根据每块原料的具体特征进行设计，尽量让最终产品符合原料的特性，保留原石的各个特征，并尽可能有效地利用这些特征，使它们成为整体的有机组成部分，发挥其作用。

因此，优秀的设计方案能够顺应自然，尽可能保留原石的原始面貌，避免生硬或粗暴地改变原石，避免削足适履的做法。

二 变废为宝

有些原料按照一般标准可能没有雕琢价值，因而被多数人视为废料。然而，高水平的玉雕师会认为所谓的废料只是未被正确利用的好料，且往往是可遇而不可求的。因此，他们会巧妙地利用这些原料的某些特征，变废为宝，创作出优秀的作品，产生出人意料的效果，同时这些原料的成本也更低。

三 化瑕为瑜

多数翡翠原料中不可避免地存在一些瑕疵，如斑点、裂纹等。在设计雕琢方案时，许多玉雕师会尽量去除这些瑕疵，或设法掩盖；而技艺高超的玉雕师则会巧妙地利用这些瑕疵，化瑕为瑜，将不利因素转化为有利因素。有时，这些瑕疵甚至能产生普通原料无法达到的独特效果，实现“因祸得福”的转变。

四 俏色

在翡翠雕琢乃至整个玉雕领域，俏色是一种常用的技巧。有时原料上会出现一些不期望的颜色，例如主体部分为绿色，但在某个部位却有一块黄色色块，看起来不协调。

高水平的玉雕师不会总是试图去除或掩盖这些颜色，而是尽可能地利用它们。在玉雕行业中，这种利用颜色的技巧被称为俏色。

很多时候，如果俏色运用得当，它可以对作品起到画龙点睛的作用，使作品更加形象和生动，显著增强作品的表现力，从而大幅提升产品的价值。

显然，这些技巧需要长时间地学习、思考，而且要活学活用，随机应变。因此，玉雕不只是一门“惟手熟尔”的手工艺，更是一项把科学、技艺、艺术性、想象力、创意融为一体的综合性工作。

五 实例

关于上述技巧，在翡翠雕琢领域，有两个例子特别突出：一个是前面提到的慈禧太后的《翡翠白菜》，另一个是《风雪夜归人》。

如果按照传统的标准衡量，《翡翠白菜》的原料品质并不算太好，它的种、水都很一般；颜色也不突出——上半部是绿色的，下半部是白色的。但是，玉雕师巧妙地利用了原料的颜色特征，把它设计成一颗大白菜。正是因为这个巧妙的构思和设计，引得无数后人纷纷仿效。图 8-9 所示是广东省玉石雕刻大师赵哲的两件作品。

图 8-9 《白菜》（左）和《百财》（右）

《风雪夜归人》的情况更突出：原料本身的种、水、色、净都很不好——种嫩，水头不足，颜色发黑，而且有很多密密麻麻的白色斑点和杂质（在翡翠行业里，这些白色斑点叫“棉”）。当时，这块原料被很多人认为是废料。有一天，云南玉雕大师杨树明看到有个商家在卖这块料，就花 100 元买了回来。放了一段时间后，大师的脑海中忽然出现了“柴门闻犬吠，风雪夜归人”的诗句，触发了他的灵感，便雕琢出了名作《风雪夜归人》——大师把原料中的白色斑点巧妙地设计成夜空中纷纷扬扬的雪花，把原料上不同颜色的部分分别设计成山、树、戴斗笠的老人等形象，如图 8-10 所示。

这件作品很好地体现了前面介绍的各种技巧，变废为宝，淋漓尽致地表达了一种清新、深远的意境。多年前，在一次电视节目中，笔者了

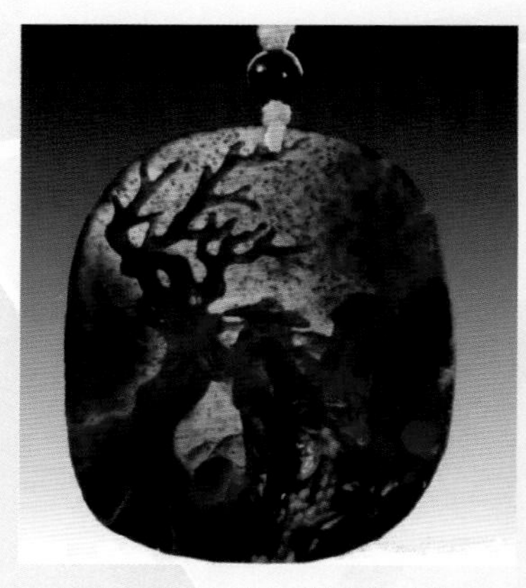

图 8-10 《风雪夜归人》

解了这件作品，它给笔者留下了不可磨灭的印象。笔者也相信：很多观众了解了这件作品的来历后，一定会拍案叫绝。

《风雪夜归人》的故事还没有结束：作品完成后，有位客户以 2 万元的价格购买了。又过了一段时间，在香港的拍卖会上，它以 360 万元的价格被拍卖！有人说，《风雪夜归人》创造了翡翠乃至整个珠宝行业的一个奇迹：升值率最高——从 100 元变为 360 万元，涨幅为 36000 倍!

第3节 玉雕工具

翡翠雕琢需要使用专门的玉雕工具，不同工厂使用的玉雕工具不尽相同，因此玉雕工具的种类相当多样。

一 吊磨机

吊磨机是一种常用的玉雕工具，也称为玉石雕刻机或锣机，主要由主机、软轴、雕刻笔和脚踏开关等部件组成，如图 8-11 所示。

主机可以固定在墙上或铁架上。玉雕师手持雕刻笔进行翡翠的雕琢工作。

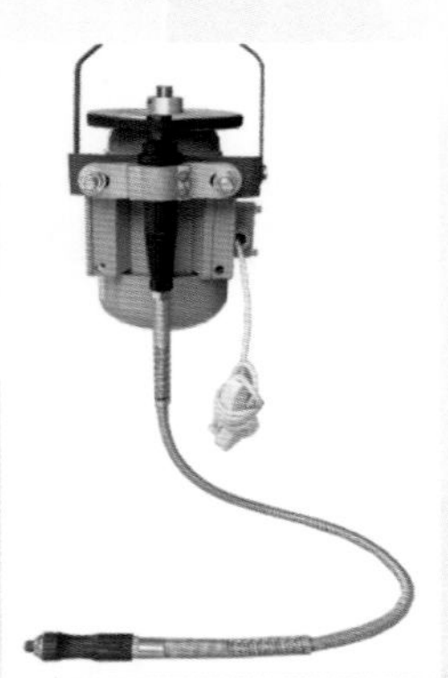

图 8-11　吊磨机

由于翡翠硬度较高，传统的刀、锥等工具难以进行有效雕琢，因此通常使用一种被称为磨头的工具进行雕琢。雕刻笔前端可安装磨头，而磨头表面通常镀有一层金刚砂，这使得其硬度极高，表面也相对粗糙。在主机的驱动下，磨头能够高速旋转，类似于砂轮，从而对翡翠原石进行打磨和雕琢。

吊磨机的操作通过脚踏开关进行控制，玉雕师可以通过控制踩踏的力度来调节磨头的旋转速度——踩得轻，磨头转速慢；踩得重，磨头转速快。这样的设计使得玉雕师能够根据雕琢需求，灵活地调整雕琢的速度和精度，如图 8-12 所示。

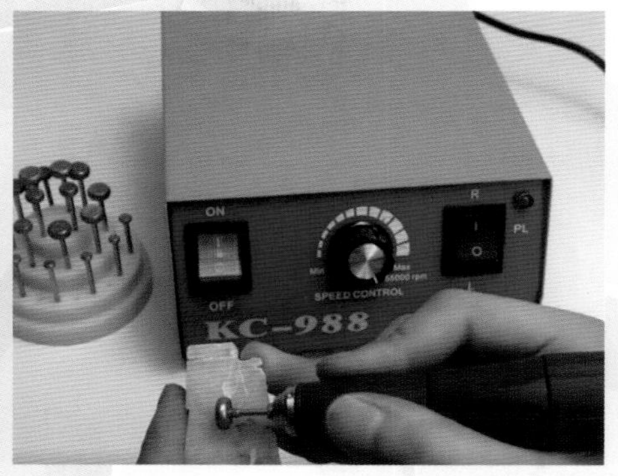

图 8-12　用吊磨机雕琢翡翠

二 磨头

磨头可以分为多种类型，每种类型都具有不同的功能或作用，适用于不同的雕琢工作，如图 8-13 所示。

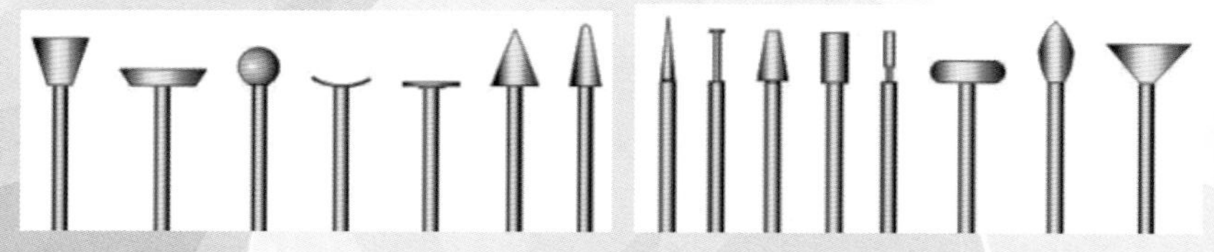

图 8-13　磨头

第4节

玉雕方法

玉雕有多种方法，常见的有下面几种。

一 浮雕

浮雕也叫凸雕，就是雕刻的图案凸出在基体上，如图 8-14 所示。

浮雕和绘画比较像，主要适合从正面欣赏，背面一般不雕刻。俏色时，经常采用浮雕工艺。

浮雕分为多种类型，比如浅浮雕、中浮雕、深浮雕等。

（1）浅浮雕也叫线雕、线刻、丝雕，它的图案凸出的高度比较小，一般不超过 2 毫米，看起来和绘画更像，如图 8-15 所示。

图 8-14 浮雕

图 8-15 浅浮雕

（2）中浮雕的图案凸出的高度较高，一般为 2~5 毫米。它的立体感比较强。

（3）深浮雕的图案凸出的高度更高，一般超过 5 毫米。它的立体感更强。

二 阴雕

阴雕和浮雕相反：它是把雕刻的图案从基体上凹陷下去，如图 8-16 所示。

三 圆雕

圆雕也叫立体雕，它把对象雕刻为三维立体的结构，产品的立体感很强，因而可以从各个方向、不同角度进行欣赏，包括前、后、左、右、上、下，以及不同的倾斜角度，如图 8-17 所示。

图 8-16　阴雕

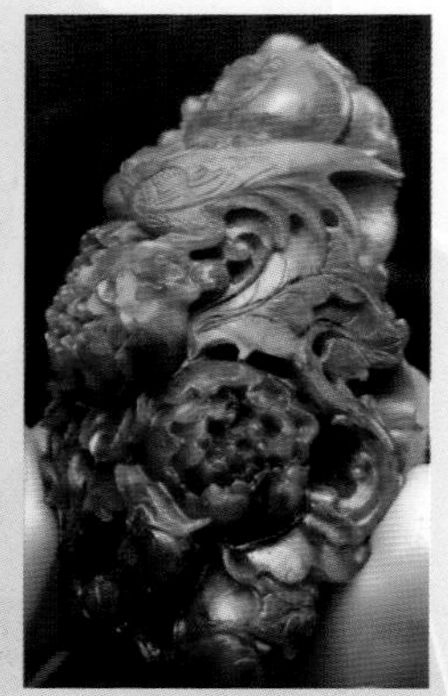

图 8-17　圆雕

前面介绍的《白菜》《龙马精神》等也都属于圆雕。

四 透雕

透雕也叫透空雕，它是把翡翠原料的一些位置雕成通透的，如图 8-18 所示。

透空雕使产品的立体感、空间感更强，而且充满动感，形象更加鲜明，作品具有一种玲珑剔透、巧夺天工的感觉，能产生非常好的艺术效果。

透空雕的工艺很复杂，加工难度很大，雕琢、抛光都要花费大量的时间和精力，在整个过程中，都需要玉雕师全神贯注，如果一不小心，有的部位甚至整件作品都会受到损坏。

五 镂雕

镂雕也叫镂空雕，它是把翡翠雕成中空的，但是并不穿透。镂空雕包括浅镂空和深镂空。浅镂空产品比较浅，深镂空产品比较深，如图 8-19 所示。

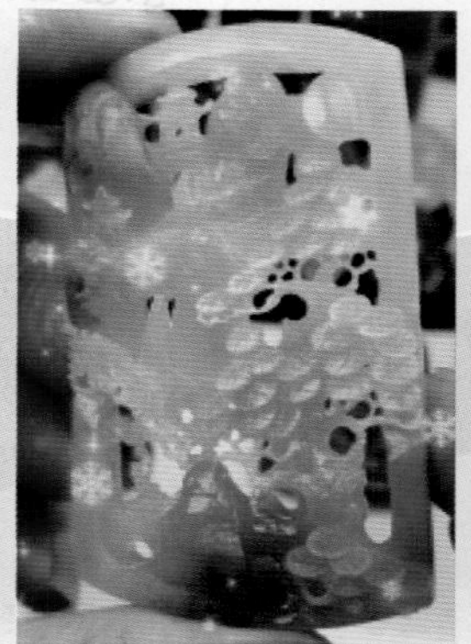

图 8-18 透雕

图 8-19 镂雕

第5节

新型玉雕技术

手工雕刻是一种传统的玉雕方法，近年来，玉雕行业出现了一些新型的玉雕方法，本节进行简单介绍。

一 机器雕刻

机器雕刻也被称为电脑雕刻或数控雕刻。它是一种利用电脑控制工具进行雕刻的方法。这种机器有多种名称，如电脑玉雕机、玉石数控雕刻机、全自动玉石雕刻机等。整套设备主要由电脑和雕刻机组成，如图 8-20 所示。

电脑中安装了专门的 CAD/CAM 软件，常用的有 ARTCAM、JDPAINT 等。人们可以使用这些软件编写程序。在程序中，主要需要设置以下三方面内容。

图 8-20　数控雕刻机

（1）雕刻图案，包括图案的形状、各部分尺寸，以及各个部分的位置。

（2）图案各个部分所使用的工具，如三角钉、吸眼针、喇叭棒等。

（3）工具的运动轨迹，包括每种工具的加工速度、运动方向、运动速度和运动距离等。

编写好程序后，通常不会立即开始雕刻，而是先让程序控制雕刻机

图 8-21　电脑雕刻

进行一次空运转，此时电脑屏幕上会显示出雕刻工具的运行轨迹，这实际上是模拟雕刻出的图像。人们可以检查这个图像，确认是否存在问题。如果发现存在问题，需要对程序进行修改，然后再进行一次空运转进行检查。如此反复，直到程序完全符合要求为止。 最后，将翡翠原石固定在雕刻机的工作台上，程序便可以控制雕刻机进行雕刻工作，如图 8-21 所示。

电脑雕刻的优点包括以下几方面。

（1）可以进行自动化和连续化生产，加工效率高，能节省大量人工。

（2）产品的加工精度高。

（3）适合进行大批量雕刻，产品的质量稳定、可靠。

（4）产品的质量和加工效率不受加工者的身体情况、情绪等因素的影响。

（5）有效地降低了产品的成本。

图 8-22　批量雕刻

电脑批量雕刻如图 8-22 所示。

因此，电脑雕刻有力地促进了玉雕产业的发展，是玉雕产业的一场革命。

但是，电脑雕刻也有自身的缺点。

（1）产品的同质化比较严重，即所有的产品的形状、尺寸都相同，缺少个性。

（2）不容易进行俏色、化瑕为瑜等工作。

所以，对一些高品质的原料和有特色的原料，人们主要还是进行手工雕刻。

图 8-23　声波雕刻机

二　超声波雕刻

超声波雕刻也叫机器压模雕刻。超声波雕刻机主要由超声波震动头、模具头、模具、水槽和升降杆等部件组成，如图 8-23 所示。

超声波雕刻的步骤如下。

（1）在雕刻前，首先根据雕刻方案用钢材制造一个模具，通常称为钢模，如图 8-24 所示。

图 8-24　钢模

（2）将钢模焊接至模具头上，随后安装到雕刻机上，如图 8-25 所示。

（3）将翡翠原石放置在水槽中，并确保水面能完全覆盖原石。同时，调整翡翠原石使其对准上方的钢模。

（4）操作升降杆，使翡翠原石表面更接近钢模，但避免接触。

（5）启动机器后，超声波震动头将产生上下震动，尽管震动幅度微小以至于肉眼难以察觉，其频率却非常高，超出了声波的频率范围，因此这种震动被称为超声波震动。

（6）超声波震动头带动下方的模具头和钢模共同震动。在水槽中加入一些极细的金刚砂粉末，这样钢模就会持续挤压金刚砂粉末，而金刚砂粉末又持续作用于水中的翡翠原石。由于金刚砂硬度极高，它能够有效地打磨翡翠原石，如图 8-26 所示。

图 8-25 把钢模焊接到模具头上

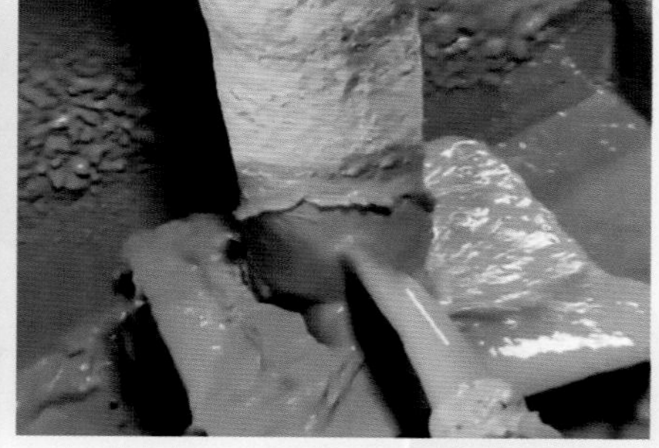

图 8-26 超声波雕刻

（7）经过一段时间，钢模上的图案便通过金刚砂传递并雕刻到翡翠原石上，如图 8-27 所示。

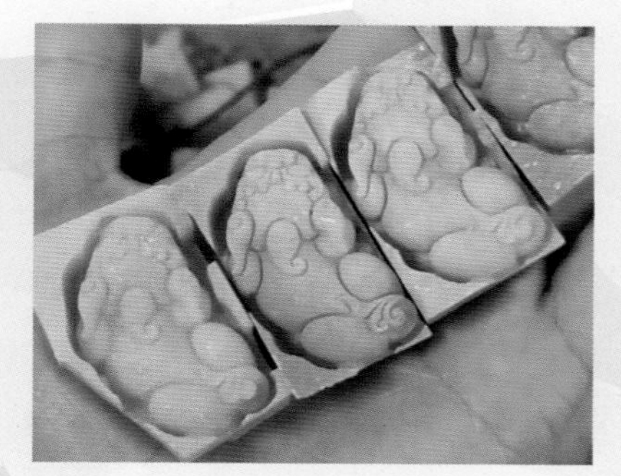

图 8-27 半成品

（8）最后，取出雕刻完成的原石，去除多余的边缘，并进行抛光，即可得到最终产品。 在超声波雕刻的过程中，人工参与较少，因此可以节约人工成本，使得产品成本相对较低。

三 激光雕刻

激光雕刻是指使用激光作为工具，对翡翠进行雕刻的技术。

激光具有很高的能量密度，照射到翡翠表面后，可以让被照射的位置迅速熔化及气化，从而达到雕刻的目的。

激光雕刻使用的设备叫激光雕刻机，主要由电脑和雕刻机构成，如图 8-28 所示。

在雕刻前，需要进行编程，然后让程序控制激光束，对原料进行雕刻，如图 8-29 所示。

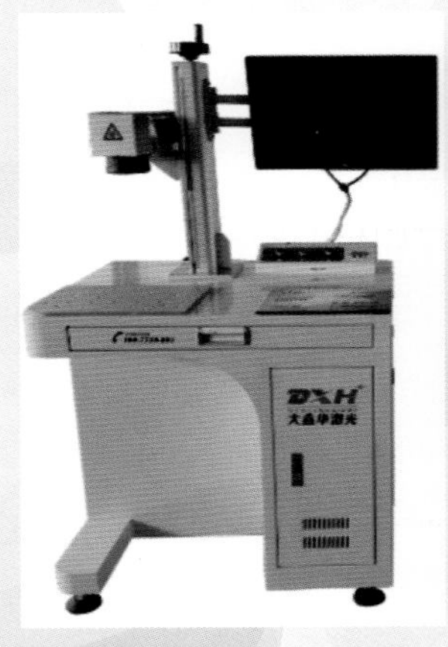

图 8-28　激光雕刻机

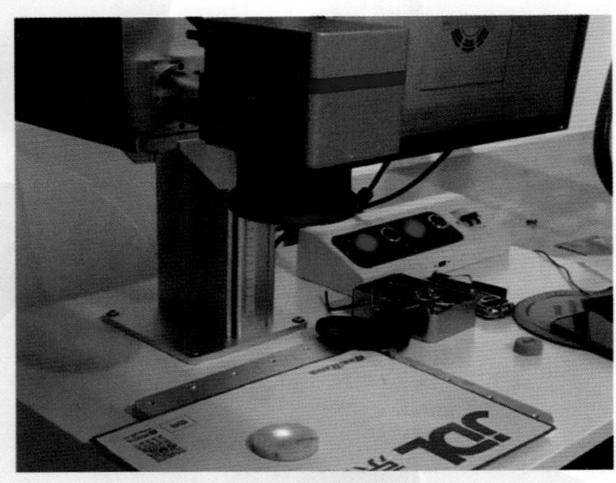

图 8-29　激光雕刻

激光雕刻的优点包括以下几方面。

（1）可以进行自动化和连续化生产，能节省大量人工。

（2）激光的能量密度很高，所以雕刻速度快，生产效率高。

（3）激光束可以通过凸透镜进行聚焦，光斑可以很小，所以雕刻精度高。

（4）适合进行大批量雕刻，产品的质量稳定、可靠。

（5）产品的质量和加工效率不受加工者的身体情况、情绪等因素的影响。

（6）可以有效地降低产品的雕刻成本。

目前，激光雕刻主要用于打标和浅浮雕，如图 8-30 所示。

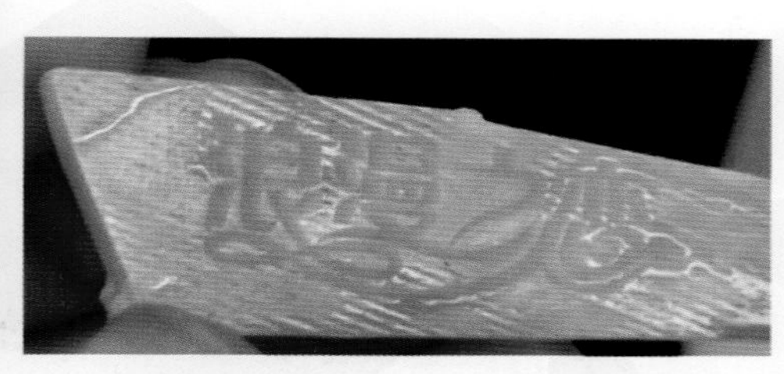

图 8-30 激光雕刻产品

激光雕刻机除了可以进行雕刻外，还能进行原料的切割和抛光等工作。在切割应用中，它具有切割速度快、精度高的特点，且切割面非常光滑，无毛刺。

使用激光雕刻机时，有两点需要特别注意。

（1）在工作过程中，相关人员必须佩戴防护眼镜。因为激光有时会被翡翠原料反射，可能会照射到周围的操作人员。

（2）用激光进行雕刻时，被照射部位及其附近区域的温度会迅速升高，这可能导致那些位置产生开裂。建议在使用激光雕刻前对原料进行预热，以防止这种情况发生。

目前，激光在翡翠雕刻中的应用并不广泛，但未来有可能会得到推广。

我国的玉雕流派

在我国，玉雕的历史非常悠久，众多省市都拥有这项工艺。不同地区的雕琢技艺往往存在差异，制作的玉器种类和特征也不尽相同，各有其独特之处。因此，经过多年的发展，逐渐形成了不同的玉雕流派。

从大的分类来看，我国的玉雕流派主要分为南、北两大流派。北派以北京玉雕为代表，涵盖新疆、辽宁、河南、天津、河北等省市；南派则包括苏州玉雕、扬州玉雕、上海的海派玉雕，以及广东玉雕等。

一 北京玉雕

北京玉雕历史源远流长：据资料介绍，在“山顶洞人”的遗址中，就发现了玉器饰品，这表明北京玉雕早在新石器时期就已存在。

在元代，元世祖忽必烈在北京建都，使北京成为全国重要的玉器加工中心。至明、清时期，北京玉雕得到了进一步发展，并被列为“燕京八绝”之一。

北京玉雕被誉为“宫廷派”，具有典型的皇家宫廷艺术风格：用料考究、制作精美、器物华贵。作品主题以祥瑞文化为主，蕴含浓厚的历史和文化底蕴。北京玉雕在大件玉器制作方面尤为擅长，工艺复杂，造型优美，展现出厚重而质朴的气质。2008 年，北京玉雕技艺被正式列为国家级非物质文化遗产。

二 扬州玉雕

扬州玉雕的历史同样悠久，底蕴深厚，素有“天下玉、扬州工”的美誉。

作为我国的历史文化名城，古代的扬州交通便利，经济繁荣，因而促进了玉雕行业的发展。考古研究发现，在夏朝时，扬州就开始制作玉器了。在唐朝时，鉴真大师从扬州出发，东渡日本，随从中就包括一批玉雕师和精美的玉器。清朝的乾隆皇帝要求扬州每年都要向朝廷供奉玉器。

扬州玉雕的特点是“浑厚、圆润、儒雅、灵秀、精巧”，作品秀丽典雅、玲珑剔透。最有代表性的作品是“山子雕”（山水景观题材的玉雕）和“链子活”（指带链子的玉雕）。

2006 年，扬州玉雕被列为国家级非物质文化遗产。

三 苏州玉雕

苏州玉雕的历史可以追溯到五六千年以前的良渚文化时期。经过多年的发展，技艺精湛，天下闻名。

在清代，苏州玉雕业更加繁荣，作坊林立，雕琢玉石的声音昼夜不停，邻里相闻。乾隆帝作诗称赞：“相质制器施琢剖，专诸巷益出妙手。”

2008 年，苏州玉雕被列为国家级非物质文化遗产。

苏州玉雕以中、小件著称，特点是“小、巧、灵、精”，即制品尺寸小、构思巧妙、做工精细。

四 海派玉雕

海派玉雕也就是上海玉雕，它起源于 19 世纪。当时，上海作为我国重要的港口城市，成为我国乃至全世界的贸易中心，周边的苏州、扬州等地的玉器及玉雕师大量涌入上海，促进了上海玉雕业的发展和繁荣，并形成了一种新的风格——“海派玉雕”。

“海派玉雕”的风格突出表现在“海”，即海纳百川、兼容并蓄、博采众长，主要表现在以下几个方面。

（1）既吸纳本地及苏州、扬州等周边地区的优点，又广泛借鉴北派甚至海外的长处。

（2）既采用玉石雕刻的传统技艺，又吸纳其他艺术形式，如绘画、雕塑、书法、石雕及现当代艺术的特点。

（3）既采用现当代的技艺，富有时代气息，又继承了我国古代的传统玉雕技艺的精华。

因此，海派玉雕表现出顽强的生命力，得到了蓬勃发展。

2011 年，海派玉雕被列为国家级非物质文化遗产。

五 揭阳玉雕（阳美翡翠玉雕）

揭阳玉雕即阳美翡翠玉雕，是广东玉雕的代表。它起源于 20 世纪初，阳美是广东省揭阳市的一个村落的名字。当时，很多村民在农闲时经常加工旧玉器。后来，规模越来越大，人们开始到缅甸购买高档翡翠原料进行加工。翡翠玉雕逐渐成为揭阳市的经济支柱产业。阳美村也被称为“中国玉都”和“亚洲玉都”。

2008 年 6 月 7 日，阳美翡翠玉雕被列为国家级非物质文化遗产。

阳美翡翠玉雕特别重视翡翠原料的品质，使用的大多是高档原料，在雕琢工艺方面，也有自己的特点。在玉雕技艺的基础上，广泛借鉴了潮汕地区其他手工艺的技巧，如木雕、石雕、潮绣、陶瓷等。

阳美翡翠玉雕的特色是“奇、巧、精、特”，作品小巧玲珑，雕工精湛。

四大国宝翡翠

多年来，我国的玉雕工作者勤勤恳恳，勇于创新，创作出了许多巧夺天工的作品。由于篇幅所限，本节我们只介绍北京市玉器厂创作的四件大型翡翠玉雕——《岱岳奇观》《含香聚瑞》《群芳揽胜》《四海腾欢》，它们被称为“四大国宝翡翠”。

一 神秘的石头

关于这四件国宝翡翠，有一个非常曲折的故事，充满了传奇色彩。

传说，在 17 世纪中叶时，云南有个商人，从缅甸买了一块巨大的翡翠原石。后来，这块原石几经辗转，最后，当地的官员把它进贡给了朝廷。

有一种说法，说乾隆皇帝看到这块原石后，特别喜欢，就让玉雕师进行雕琢。玉雕师把原石切成了几块，用其中几块雕刻成了翡翠屏风，放在清漪园（即现在的颐和园）里，还剩下四块，没有加工，一直保留下来。

另一种说法是，当时乾隆皇帝因为各种原因，没在意那块翡翠原石，于是它就一直保留了下来，一直到慈禧太后时，慈禧太后很喜欢它，让玉雕师进行雕琢。玉雕师把它切成了六块，用其中两块制作成了翡翠屏风，放在颐和园里，其余四块没有加工，一直保留下来。

1949 年，国民党撤离大陆时，把四块原石运到上海码头，准备装船运走。在这个千钧一发的时刻，解放军及时赶到，于是，国民党军队把它们扔在码头，仓皇逃走了（还有一种说法：由于四块原石太重，不便运输，国民党军队就把它们扔在码头上，后来藏在一家银行的地下金库里。有个搬运工写了一封匿名信，向政府报告了这件事。政府派解放军去搜查，发现了它们）。

1955 年，四块翡翠原石被运到北京，保存在国家物资储备局的仓库里，此后就没有了消息。

一直到 1980 年 4 月，北京市玉器厂有一位老玉雕师，叫王树森，他很早就听说过这几块原石。参加北京市人民代表大会时，他呼吁要寻找这几块原石。一位记者听说了这件事，写了一篇文章，发表在 1980 年 6 月 5 日的《北京晚报》上，如图 8-31 所示。

宝玉何在

起这块翡翠来还有一番经历哩。这块玉早在解放前就到了北京。因为块大，成色好，价值高，谁也不敢做它，怕弄不好，担不起责任。北京解放前夕，这块玉石被人运到了上海。上海临解放，人们把它运到了海边，正要装轮船准备外运，幸亏我解放大军及时赶到，这块宝贝才回到了人民的手里。当时，我们都很高兴。就在玉石运回北京的时候，我见过它一面，东西真好哇！可还是没有勇气去做它。”

“现在，您怎么想到要做呢？”

“现在，我觉得自己有责任来完成这个任务。”

图 8-31 《北京晚报》的报道

国家物资储备局看到这篇文章后，派工作人员找到王树森，告诉他，这四块原石仍保存在国家物资储备局的仓库里。后来，经过相关部门的批准，王树森大师和其他相关人员看到了它们，如图 8-32 所示。

人们发现，这四块石头可以拼接在一起，说明它们是从同一块石头上切割下来的。四块料的总重量达 803.6 千克。另外，最大的那块石头上写了几个繁体字：“卅二萬種”。关于这几个字的意思，人们有不同的说法：有人说，它表示这块石头的价格，是花了三十二万两白银才买到的；有人说，它们表示这块原石的重量；还有人说，它们表示这块原石的稀有程度。到底是什么意思，现在已经成为不解之谜。

一号料（重 363.8 千克）

二号料（重 274.4 千克）

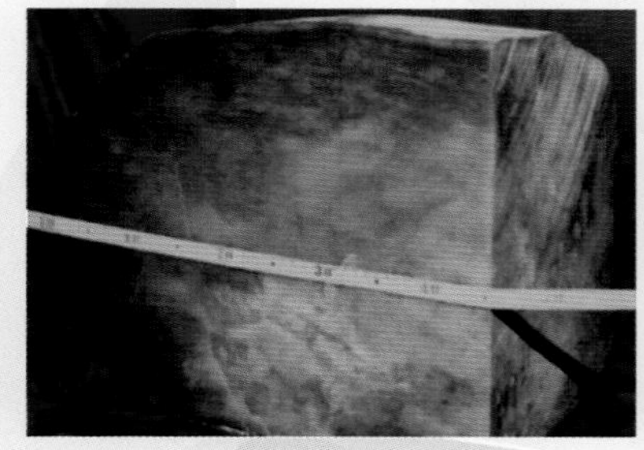

三号料（重 87.6 千克）

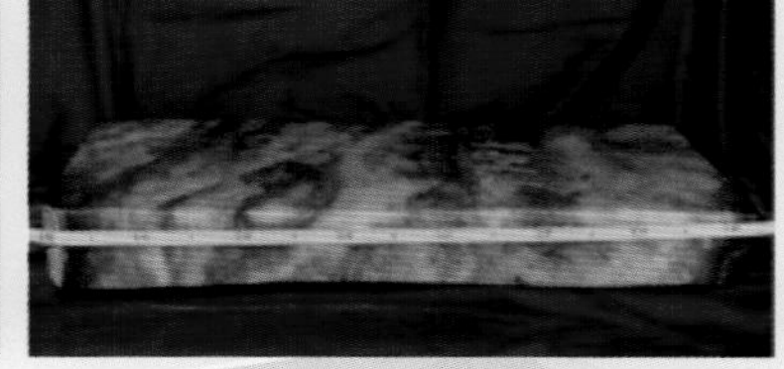

四号料（重 77.8 千克）

图 8-32　四块翡翠原石

二 “86 工程”

知道原石的下落后，北京市玉器厂向国家建议，把这四块原石加工成翡翠工艺品。

1982 年 7 月，国务院批准了这个建议，并要求在 1986 年完成。所以，这个工程被叫作“86 工程”，也叫“国宝工程”。

“86 工程”由北京市玉器厂承担。首先，玉器厂组建了一个顾问团，它由全国多个领域的专家、学者组成，共有 30 多位，包括画家、雕塑家、玉石专家、文博专家、书法家等。现在我们熟悉的故宫博物院副院长杨伯达、书法家启功、画家黄胄都是其中的成员。

北京市玉器厂由王树森大师牵头，成立了由 60 多位玉雕大师和高级技工组成的工作组，还邀请了扬州、上海等其他省市的玉雕师。大家进行了长达三年的设计工作，先后提出了 70 多个设计方案，经过层层遴选、反复修改，最终确定了四个方案：分别用四块料制作一座翡翠山子、一件器皿、一个花篮、一扇屏风。

1985 年，国务院批准了设计方案。同年 6 月，北京玉器厂开始制作这四件玉雕，历经 4 年，一直到 1989 年才完成。

三 “四大国宝翡翠”欣赏

下面我们欣赏一下被称为“四大国宝翡翠”的玉雕作品。

1.《岱岳奇观》

在玉雕行业里，表现山水景观的作品叫山子雕或玉山子。《岱岳奇观》是一件山水景观玉雕作品，它表现的是东岳泰山的壮丽景观，如图 8-33 所示。

图 8-33 《岱岳奇观》（尺寸：88cm × 60cm × 102cm）

这件作品是用四块翡翠原石中最大的一块（即一号料）雕刻的，原石的重量达 363.8 千克，外形大致是一个三角形。

玉雕师们先认真观察了原料，根据它的形状、颜色等特征，决定加工成一件山子雕。选择泰山，是因为泰山是五岳之首，可以象征中华民族勇于攀登高峰的精神。

这件作品的特色（即欣赏亮点）包括下面几点。

（1）外形。《岱岳奇观》的外形和其他常见的玉山子不一样：它显得更陡峭、更险峻。这是因为原料的形状比较特殊——可以看到，整块料由两部分组成：上半部是一个三角形，下半部是一个长方形。一般的山子雕的做法，是突出磅礴的气势，形状比较长，但高度比较矮。如果这样雕琢，就只能去除原料下半部的长方形，这种做法会使料的尺寸减小很多。大家反复讨论，最终决定，应该尽量保留原料，把下面的长方形部分巧妙地设计成悬崖，这样整座山显得更加挺拔、气势雄伟。另外，为了真实地表现泰山的气势，玉雕师们先后三次到泰山进行实地研究。

（2）正面和背面各有特色。《岱岳奇观》的正面和背面有很大差别，各有特色。这是因为原料的正面和背面的颜色不一样：正面是浓郁的绿色，背面是油青色，而且带一些土黄色。基于这个特征，玉雕师把原料的正面设计为泰山的正面，中心是中天门，包括十八盘、天街、玉皇顶等景观；原料的背面设计为泰山的背面，表现山峦树木的黄昏景象；而且，在左上方还雕刻了唐朝诗人杜甫的古诗《望岳》：

岱宗夫如何？齐鲁青未了。

造化钟神秀，阴阳割昏晓。

荡胸生曾云，决眦入归鸟。

会当凌绝顶，一览众山小。

翡翠玉雕和古诗可谓相得益彰。

（3）细节。整件作品上雕刻了山石、楼台亭阁、石阶、人物、树木花草、河水、动物等景观，共有64个人物、9只仙鹤、9只鹿和3只羊，代表吉祥。

正面和近景使用了镂雕、圆雕、深浮雕等技法，突出表现了各个景观；背面和正面的中、远景使用了浅浮雕、阴刻等技法，显得简练。

（4）点睛之笔。在原料的右上角，有一块红棕色，显得和其他部分很不协调。但是，玉雕师们并没有简单地把它去除，而是进行了俏色——把它巧妙地设计成一轮冉冉升起的红日，成为整件作品的点睛之笔，很好地增强了作品的意境和艺术效果。

2.《含香聚瑞》

《含香聚瑞》是一个器皿件，叫翡翠花熏。花薰是中国古代一种净化空气的器皿，里面可以放一些鲜花或香料，如图 8-34 所示。

图 8-34　《含香聚瑞》（尺寸：65cmx47.5cmx96cm）

这个花熏是用四块原石里的二号料雕琢而成的，原料重 274.4 千克，形状比较规则，大致是一个长方体，绿色比较多，质地比较好。

据说，当时玉雕师们对设计方案进行了争论：开始时，有人提出，用它做一对狮子，寓意为睡狮苏醒，表现中华民族的崛起和振兴，但是这样会浪费较多的原料，最后，人们决定做一个花熏。

这件作品的特色（即欣赏亮点）包括下面几点。

（1）制作精美。

整个花熏包括底足、中节、主身、盖、顶五个部分，主体是由主身和盖组成的球体。

双耳和盖钮上雕刻了九条龙，龙身上还套着大小不等的圆环。盖、中节、底足的周围，雕刻了青龙、白虎、朱雀、玄武四种神兽（灵兽），寓意吉祥、平安。盖的表面雕刻了唐代蕃草的花纹，寓意祥瑞。整个花熏上有 2 个大环和 8 个小环，大小一致，比例合适。

整件作品显得玲珑剔透、厚重古朴。

（2）工艺难度大。

这件作品使用了一种特殊的玉雕技艺——套料。就是从原石中取出中间的一块料，制作一个部件；留下的外壳制作另一个部件。这种工艺的优点有以下两个。

一是可以实现小料做大——使成品的体积远远大于原料。

二是可以使原料内部的颜色暴露出来，从而增加绿色的面积。

但是，这种工艺的难度很高，因为原料很容易遭到破坏。

在花熏的五部分中，盖是从主身中取出的，底足是从盖中取出的。

3.《群芳揽胜》

这件作品是一个翡翠花篮，如图 8-35 所示。

图8-35 《群芳揽胜》(尺寸：42.3cmx30cmx97cm）

它是由三号料制作的。原料的重量是 87.6 千克，体积相对较小，而且质地、颜色也比较差。

为了克服这些缺点，玉雕师采取了三种措施：

（1）“小料大作”。

设计者没有把它设计成普通的花篮，而是设计成带提梁的花篮，提梁和花篮由两根链条连接。这样，整个作品的高度大大增加了，实现了小料大作。

（2）遮盖瑕疵。

原料上本来有一些瑕疵，如裂纹、斑点等。玉雕师通过雕琢花朵、枝叶等，巧妙地把瑕疵去除或遮盖了。

（3）巧用套料工艺。

这件作品也使用了套料工艺：从花篮里取出一部分料，雕琢成了提梁、链条、花朵（包括牡丹、菊花、玉兰、梅花、海棠等十余种花卉）。

套料工艺一方面实现了小料大做，另一方面，还改善了作品的颜色：原料的颜色主要是深油青色，发黑发暗，从花篮中去除一部分料后，花篮变薄，颜色显得鲜艳了。用取出的料雕刻的花朵、枝叶等，颜色也比较好。

4.《四海腾欢》

这件作品是一个翡翠插屏，如图 8-36 所示。

图 8-36　《四海腾欢》（尺寸：177.5cmx34.7cmx112cm）

它是用 4 号料制作的。原料的形状基本是一块四方形的平板，种、水、色都很好。因此，玉雕师决定用它雕琢一块巨型的插屏。

玉雕师把原料切为四片，每片的厚度不到 2 厘米，然后把它们拼合起来，面积达到原料的四倍，从而形成一块巨型插屏。

由于厚度大大减小，整块插屏的种、水、色就显得更好了。

关于插屏表面的雕琢内容，人们提出了不同的方案：有人建议做红楼梦，有人建议做八仙过海，还有人建议做丝绸之路。最后，王树森大师决定做龙，因为龙是中华民族精神的象征，代表中华民族的腾飞。

玉雕师为了达到最好的效果，查阅了大量关于龙的资料，并进行了实地走访，包括北京北海公园、故宫的九龙壁，山西的五龙壁、八龙壁，以及一些建筑物的柱子上雕刻的龙，衣服上绣的龙等，认真研究了我国不同朝代、不同时期的龙的形象，比如，他们发现，汉、唐、魏晋时期，龙的形象显得威武、大气磅礴，明清时期，龙的形象显得雍容华贵。

最终，玉雕师既从传统中吸取精华，又进行了创新，比如，把人的形象和情感融入到龙的形象中。

在作品中，玉雕师雕刻了九条巨龙，它们都是用原料中的绿色部分雕成的，而且使用的是深浮雕工艺，以突出龙的形象。原料中的白色部分雕成了云雾和波浪，采用的是浅浮雕工艺，以衬托主体。原料上的瑕疵通过雕刻的纹饰进行了去除。

九条绿色巨龙在白茫茫的云雾中飞腾，身形矫健，气势磅礴，展现出“龙腾盛世、四海腾欢”的气象。

在这四件作品中，这件九龙玉屏风完成得最晚——1989 年才完成，被认为是当代玉浮雕的巅峰之作。

四 意义

四件国宝翡翠玉雕完成后，著名书法家欧阳中石为它们题写了名字（见各自的底座）。

现在，它们珍藏在北京的中国工艺美术馆里，大家有机会可以去参观，现场领略它们的风采。

这四件国宝翡翠在选材、设计、雕琢工艺等多个方面，都达到了很高的水平，代表我国玉雕技艺的最高水平，具有很高的艺术价值，取得了巨大的艺术成就。

1989 年 11 月 23 日，国务院组织召开了鉴定验收会。参会专家给予了高度评价，一致认定：四件作品“原料之珍贵、器型之巨大、制作之精美，为古今中外所未有，堪称国家珍品，是玉雕艺术推陈出新的典型”。

鉴定委员会主任、时任国务委员的张劲夫现场赋诗：“四宝唯我中华有，炎黄裔胄共珍藏。”

1989 年，国务院颁发嘉奖令，对四件国宝的创作集体给予嘉奖。

在这四件国宝的创作过程中，创作人员无私奉献，夜以继日，全身心地投入，因此四件国宝是所有创作人员心血、智慧、才华、情感的结晶，是他们呕心沥血的杰作。

多位创作人员也满怀深情地表示：雕琢四件国宝翡翠，是国家的大事，也是自己一生的幸事！

五 国宝的“兄弟”之谜

前面提到，人们很早就发现，四块翡翠原石拼接到一起后，它们的侧面还有切割痕迹，这说明，它们只是一块巨型原石的一部分。人们估计，切去部分的重量在 300 千克以上。

1988 年，已经年过古稀的王树森大师建议寻找丢失的那部分原石。

一些线索表明，丢失的那部分原料可能已经被加工成翡翠插屏，保存在颐和园里。

于是，专家们到颐和园现场观察，他们认真地检测了插屏的质地、颜色、纹理，包括上面的裂纹，最终确认，颐和园里的六件翡翠插屏，就是用被切去的原料制成的，如图 8-37 所示。但它们到底是由谁命令雕琢的，是前面提到的乾隆、还是慈禧，人们仍无从得知，需要进一步考察、研究。

图 8-37　颐和园翡翠插屏

六 传统的手工玉雕面临的问题

传统的手工玉雕是一项重要的技艺，也是我国一项优秀的文化遗产。然而，目前它面临一些严重问题，需要人们思考和解决。

（1）手工玉雕非常辛苦，雕琢一件作品需要很长时间，而且要一直全神贯注，不能马虎。

（2）学习手工玉雕同样很辛苦，一般需要几年时间。

（3）手工玉雕不仅需要动手，更重要的是还需要动脑。就像前面提到的，要想雕琢出一件好的作品，需要创新，作品要有创意。

（4）手工雕琢的作品一般成本比较高，所以售价也高。但它们的市场需求相对较少，产品不易销售及盈利。

（5）机器雕刻的成本较低，对手工玉雕产生了很大的冲击。

所以，手工玉雕属于一种长线技术，在短期内不容易产生效益，而且，即使从长远看，也不能保证肯定能获得收益。

因此，在多数情况下，从事手工玉雕，个人的付出和得到的回报不相称，导致目前很多年轻人不愿意从事这个行业，玉雕业面临后继乏人、技艺无人传承的危机。

很多有识之士已经认识到这些问题，并采取了多种积极的措施。比如，有人提出，可以把手工玉雕的产品进行转型，制作目前受市场欢迎、更容易盈利的种类；也就是把手工玉雕技艺和目前市场上的流行产品相结合，打造亮点。比如，牌匾、手镯等产品采用手工玉雕；和一些家具企业、工艺品企业等合作，在家具、工艺品等产品上镶嵌手工雕琢的翡翠。

第9章

翡翠价值的评价方法

我们去市场时经常可以看到，各种翡翠琳琅满目，让人眼花缭乱，如图 9-1 所示。那么，应该怎么挑选才能买到性价比高、易升值的翡翠呢？

图 9-1　翡翠市场

总的来说，影响翡翠质量和价值的因素有很多，而且产品的种类不同，具体的影响因素也不完全一样。本章我们先介绍几个通用的因素，也就是总的质量和价值的评价指标，它们是：种、水头、颜色、瑕疵、加工工艺、尺寸。

种

一 种的重要性

在所有影响因素中，种对翡翠质量和价值的影响最大。种好（或种老）的翡翠，有以下优点。

- 翡翠的质地细腻、致密。
- 大多数时候，种好水头也很好，看起来通透。
- 表面的光泽强，看起来更明亮，有起莹现象。
- 如果有颜色，颜色会更纯正、更鲜艳。
- 密度高，比重大。
- 硬度强，抗磨性好，不容易被磨损。
- 性质坚韧，不容易产生裂纹、发生破坏。翡翠行业里常说“种老裂不进”，意思是种老的翡翠，裂纹不容易进入内部，因为这种翡翠的结构致密、性质坚韧、抗破坏能力强，即使表面有裂纹，也不容易扩展进入内部。
- 耐腐蚀性好，耐久性好。因为质地致密，外界的污染物不容易渗透进入翡翠的内部，时间长了也不容易变质、变黄。

在翡翠行业里，有一句很有名的行话，叫“外行看色，内行看种”。意思是，内行人看重翡翠的“种”，而把颜色（也就是带不带绿色）放在第二位。外行人看重颜色，而经常忽视“种”。在市场里，我们经常可以看到：种好的翡翠，即使没有颜色，价格也会比种不好而有颜色的翡翠贵很多。所以，在翡翠行业里，还有这样的行话：“种好遮三丑”“种老一分，价差十倍”。

二 种的类型及其价值

图 9-2　玻璃种手镯

前面提到过，翡翠的种有四大类：玻璃种、冰种、糯种和豆种。

1. 玻璃种

玻璃种是最好的种，等级最高，品质最好，价值最高，如图 9-2 所示。

玻璃种翡翠有的是无色透明的，有的带颜色，其中，多数只带小块绿色，只有少数全部都是绿色的。这种全部都是绿色的翡翠叫满绿玻璃种翡翠，如图 9-3 所示。

总的来说，带颜色的比不带颜色的价值要高；颜色的面积越大，价值越高；满绿玻璃种翡翠的价值最高。

比如，无色的玻璃种手镯的价格能达五六十万元人民币甚至更高。前面提到的北京玉器厂的那件翡翠，只有黄豆粒大小，标价 38 万元，就是属于满绿玻璃种翡翠。在 2023 年的上海国际珠宝展上，有一套满绿玻璃种翡翠（包括项链、手镯、平安扣），价格达 6.5 亿元人民币，如图 9-4 所示。

图 9-3　满绿玻璃种项链

图 9-4　整套满绿玻璃种翡翠

但是，玻璃种翡翠一般很少见，只有在一些规模比较大的珠宝展，或一些实力雄厚的品牌企业里才能见到。

2. 冰种

冰种翡翠的等级和价值仅次于玻璃种，也属于高档翡翠，如图 9-5 所示。

冰种翡翠在市场上经常能见到。冰种手镯的价格能达一二十万元。

无色的冰种翡翠叫清水种，而有色的冰种翡翠，按照颜色的种类，又分别叫绿水、蓝水、紫水等。

3. 糯种

糯种翡翠属于中高档翡翠，比较常见，如图 9-6 所示。

图 9-5　冰种翡翠

图 9-6　糯种翡翠

4. 豆种

豆种翡翠属于中低档翡翠。总体来说，价值比较低，如图 9-7 所示。

一块翡翠，在不同的位置，种的类型经常会不一样。比如某个位置是冰种，而它的旁边却是糯种，翡翠行业的人常把这种现象叫“变种”。

另外，有的翡翠经过一段时间后（一般时间很长），由于外界环境的作用，它的种可能会发生改变。比如，冰种变成糯种、糯种变成豆种等，这也叫“变种”。

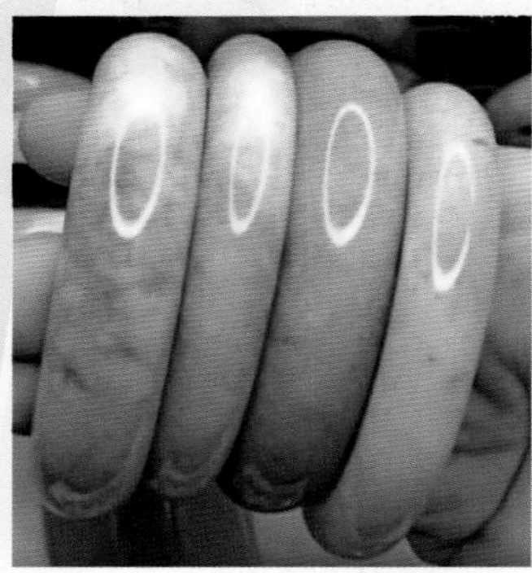

图 9-7　豆种翡翠

三 怎么挑选“种”

目前，在翡翠行业里，对种的分类没有特别客观、严格的标准，基本是主观判断的。有的商家为了盈利，会故意提高翡翠种的等级。比如，把“新坑种”翡翠说成是“老坑种”翡翠，把糯种说成是冰种，把豆种说成是糯种等。

所以，在选购翡翠时，我们应该自己判断，不能完全听别人的。

判断方法主要有下面三种。

1. 观察质地的细腻程度

前面介绍过：种表示翡翠的显微结构，具体指晶粒的大小和排列情况。所以，判断翡翠的种时，从根本上说，就应该看晶粒的大小和排列情况，具体来说，就是看翡翠的表面是不是细腻：表面越细腻、越光滑，表示种越好；如果表面看起来有颗粒，显得粗糙，就说明种比较差；颗粒越大、越粗糙，说明种越差。

比如，玻璃种翡翠的表面看着就很光滑，因为它的晶粒特别小，而且排列致密，肉眼看不到单个晶粒。冰种翡翠看着也很光滑，不容易看出颗粒，但是比玻璃种要粗糙一些。糯种翡翠的表面可以看出有颗粒，豆种翡翠的表面颗粒就比较大了，一块一块的。我们也可以根据图 9-2 至图 9-7 看出这一点。

2. 看水头

水头即透明度。在多数情况下，水头越足，即透明度越高，说明翡翠的种越好，也就是种老；反之，透明度越低，种越差或越嫩。

人们经常把翡翠的种和水结合在一起，叫“种水”。“种水好”的翡翠，品质好，容易升值，适合收藏。所以，在购买时，尽量买透明度高的翡翠。

有的资料中介绍了一个标准：透过一厘米厚的翡翠片，如果能清楚地看到下面的字，它就是玻璃种；如果字迹模糊，就是冰种。但是，在市场里购买翡翠时，这个标准实际是没法使用的，所以还是根据自己的感觉：看着越像玻璃，说明透明度越高。当然，这样的翡翠价格也越贵。

但是，这里有两种例外情况，需要我们注意。

一种是，有的翡翠种很好，但是里面杂质比较多，比如有雪花棉（指白色的斑点），导致这种翡翠的水头并不好。因此，应该通过观察质地的细腻程度判断它的种水。

另一种情况和上面相反：有的翡翠种比较嫩，但是水头很好。所以，也应该通过观察质地的细腻程度来判断它的种水。

总之，就是不能完全根据水头判断种的好坏，从根本上来说，还是应该根据翡翠质地的细腻程度来判断。

3. 看表面的光泽

“种好”的翡翠，表面的光泽更强，看起来很亮。比如，玻璃种翡翠的光泽很强，看着和平时我们看到的玻璃一样，显得很亮，这种光泽叫玻璃光泽，在翡翠行业里，人们把这种现象叫起刚或刚性。

冰种翡翠的光泽稍弱一些，看着和冰块很像，不太亮。“种差”

的翡翠，如糯种和豆种，光泽更弱，显得发暗，看着和蜡很像，人们把这种光泽叫蜡状光泽。

这是因为种好的翡翠，晶粒细小，排列致密，表面光滑、平整，和镜子一样，所以太阳光照射到它的表面后，很多光线会被反射回去，因此显得很亮，光泽强。种差的翡翠，晶粒比较粗大，排列比较疏松，表面有很多小凹坑，太阳光照射到表面后，有的光线在凹坑里发生散射，被反射的光线比较少，所以显得比较暗，光泽弱。

前面我们介绍过老坑种翡翠和新坑种翡翠。那么，怎么区分它们呢？

目前，在翡翠行业里，并没有严格的标准。作者认为，可以把玻璃种、冰种、糯种都认为是老坑种翡翠，因为它们的种比较老，品质比较好；而把豆种认为是新坑种翡翠，因为它的种比较嫩，品质比较差。

第2节 水头

水头简称“水”，就是透明度。

一 水头的意义

水头也是影响翡翠品质和价值的一个重要因素。一般来说，翡翠的水头越足，即透明度越高，价值越高。在翡翠行业里，有一句行话，叫“水多一分，银增十两”，这很好地表明了水头的意义。

如果我们近距离地观察翡翠，就可以看出：翡翠的水头好，会显得晶莹剔透、清澈、通透；另外，更重要的一点是，这样的翡翠会显出灵性、灵气、灵动、灵韵，也可以说“翠有千种，有水则灵”。如果翡翠有一些颜色，它们也会显得很有灵性、很活，如图 9-8 所示。

图 9-8　水头带来的灵气

这种灵性，可以让人百看不厌、充满遐想。如果一直盯着看，整个人都会进入翡翠里，与翡翠合二为一，达到一种奇妙的“入神”“入定”和物我两忘的境界。

而水头差的翡翠，看起来就缺少这种灵气，如图 9-9 所示。

图 9-9　水头不足的翡翠

二 水头的影响因素

翡翠的种、颜色、厚度、杂质、表面的抛光程度等其他因素会影响翡翠水头。

1. 种的影响

很多时候，翡翠的种好，水头也会好。因为种好的翡翠，晶粒细小，排列比较致密，中间的空隙少，光线容易通过，所以透明度高。如果翡翠的种不好，水头一般也不会好。因为种不好的翡翠，晶粒较粗大，晶粒间的空隙比较多，有的光线会发生反射、散射等，通过的光线就减少了。

2. 颜色

如果翡翠的颜色比较浓、比较深，就会显得水头比较差，所以前面提到的上海国际珠宝展上的天价翡翠，看起来会让人感觉它们的水头并不是特别好。反之，如果翡翠的颜色浅，会使水头显得比较好，所以很多玻璃种和冰种翡翠是无色的，如图 9-10 所示。

图 9-10　无色的冰种翡翠

3. 厚度

如果翡翠比较厚，会吸收光线，因而会使水头显得较差；如果翡翠比较薄，就会使水头显得比较好。

4. 杂质

如果翡翠里有杂质，它们会阻碍光线穿

过翡翠，所以会使翡翠的水头变差。

5. 表面的抛光程度

翡翠的抛光程度也会影响水头：抛光质量越好，表面越光滑，水头会显得越好。

三 怎么挑选水头

挑选翡翠时，怎么判断水头的好坏呢？要注意以下两点。

1. 用肉眼直接观察

在翡翠行业里，人们经常用“一分水、二分水、三分水”来表示水头的好坏。

一分水是指用强光手电照射翡翠时，光线可以穿透 3 毫米的深度。

二分水是指用强光手电照射翡翠时，光线可以穿透 6 毫米的深度。

三分水是指用强光手电照射翡翠时，光线可以穿透 9 毫米的深度。

所以，一分水的水头最差；二分水的水头比较好；三分水的水头很好。

我们普通消费者购买翡翠时，没有必要分得这么清楚，因为很多时候是很难分辨出到底几分水。

比较可行的办法是，我们可以用肉眼直接去观察，看翡翠的透明度。翡翠的透明度分为四种类型：透明、半透明、微透明、不透明。我们只要记住一句话就可以——越透明越好（在其他因素相同的情况下）。

另外，在买翡翠时，有的商家会告诉我们，他的产品是三分水、二分水，对这样的话，不能轻信，应该自己去看、去判断。

2. 尽量在自然光线下观察水头

在购买翡翠时，有的商家会用强光手电照射翡翠，向我们展示翡翠的水头。

大家都明白，强光手电发出的光线很强，这会使翡翠的水头显得更好，如图 9-11 所示。所以，我们应该在自然光线下观察水头。常言说“灯下不观色”，其实，也应该“灯下不看水”。

图 9-11　强光照射下的水头

第3节 颜色

一 颜色的意义

颜色是翡翠最直观、最醒目的性质之一，也是影响翡翠品质和价值的一个重要因素。在很大程度上，颜色是翡翠魅力的一个重要来源，很多人在购买翡翠时，都特别关注它的颜色。我们经常可以看到：一些种、水相当的翡翠，比如手镯、吊坠，如果带有颜色，哪怕是很小的一块，价值也会提高很多。所以，人们常说："色差一等，价差十倍。"因此，颜色是选购翡翠时重要的评价标准之一。翡翠的颜色如图 9-12 所示。

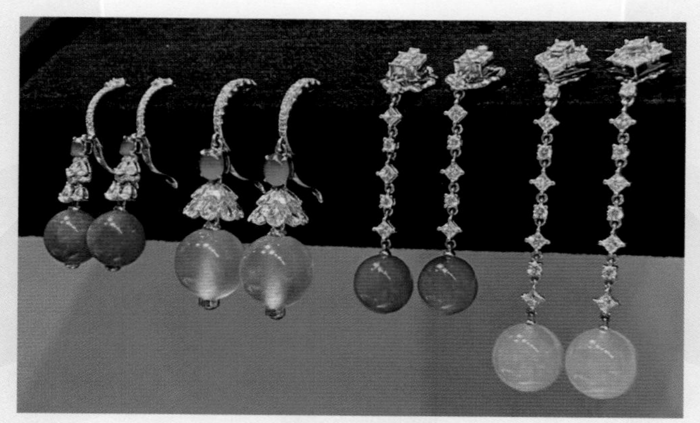

图 9-12　翡翠的颜色

有人说："颜色是翡翠的生命。"在很大程度上，这句话并不过分。前面介绍过，翡翠的颜色种类很多，它们对翡翠价值的影响各不相同。

二 绿色

在翡翠的各种颜色里，总体来说，绿色是最受欢迎、价值最高的。

所以有一句行话：“家有黄金万两，不如凝翠一方。”

1. 评价标准

翡翠的绿色分为很多种类，人们常说：“三十六水、七十二豆、一百零八蓝。”其中的“蓝”指的就是绿。它们的颜色深浅、浓淡等都有区别，有的价值高，有的价值比较低。

在翡翠行业里，人们常用“正、阳、浓、和”这四个字来评价绿色的质量。

（1）正。“正”是指颜色的色调要纯正。最好的绿色是纯绿色，不带黄、黑等其他色调，也就是不偏色，没有杂色。

（2）阳。“阳”是指颜色要明亮、鲜艳，有阳光的感觉，充满活力和朝气，让人看着心情舒畅，充满希望、生机。反之，如果颜色发暗、发灰，等级就比较低了。

（3）浓 。“浓”是指颜色要浓郁，不能浅、淡、散。

（4）和。“和”是指颜色自然、均匀、和谐，看着舒服，没有突兀感。比如，有些翡翠上面，有的地方绿色特别深，有的地方绿色特别浅，给人的感觉不太舒服。

在翡翠行业里，人们经常把颜色特别好的翡翠形容为“色辣”。

2. 常见的绿色翡翠的种类

在翡翠行业里，人们把绿色翡翠分成了很多类型，下面介绍一些常见的绿。

（1）帝王绿：也叫宝石绿，这种颜色和祖母绿宝石的颜色很像。它完全符合上面的四个标准，而且这种翡翠的种和水也很好，因而是最名贵的品种，如图 9-13 所示。

（2）翠绿：翠绿也叫正阳绿，是最标准的绿色，其最大的特点是颜色纯正，如图 9-14 所示。帝王绿比翠绿稍深一些。

图 9-13　帝王绿

图 9-14　翠绿

（3）黄阳绿：也叫葱心绿、阳俏绿，也符合上面四个标准，其最大的特点是“阳”的感觉强，如图 9-15 所示。

（4）苹果绿：这种颜色和青苹果很像，如图 9-16 所示。

图 9-15　黄阳绿

图 9-16　苹果绿

（5）菠菜绿：像菠菜叶子的颜色，绿色里带黑色调，看着发暗，如图 9-17 所示。

（6）豆绿：这种翡翠的绿色不纯、不浓、不均匀，显得不太好，如图 9-18 所示。

图 9-17　菠菜绿

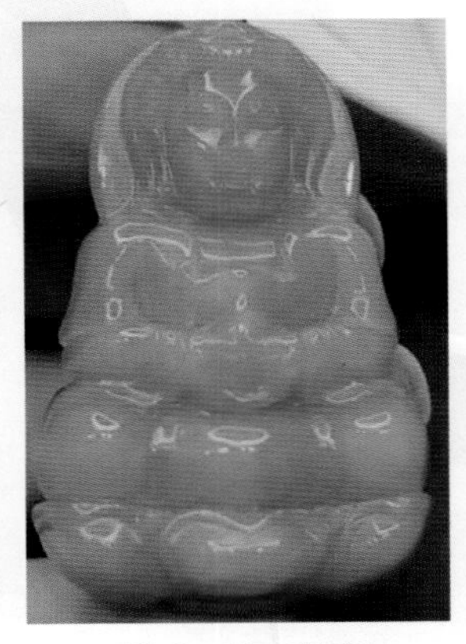
图 9-18　豆绿

（7）油绿：这种颜色的翡翠也叫油青种，绿色发黑、发暗，如图 9-19 所示。

（8）墨绿：这种翡翠的绿色太深，看着很像是黑色的，用强光照射才能看出是绿色，如图 9-20 所示。

图 9-19　油绿

图 9-20　墨绿

（9）花青种：这种翡翠的绿色深浅不一，有的地方很深，有的地方比较浅，色块的形状很不规则，如图 9-21 所示。

（10）铁龙生：这几个字是缅甸语的音译，在缅甸语里，是满绿色的意思。但是颜色分布不均匀，有的地方颜色很深，有的地方很浅，而且这种翡翠的种比较差，水头也差，基本不透明，属于中档翡翠，如图 9-22 所示。

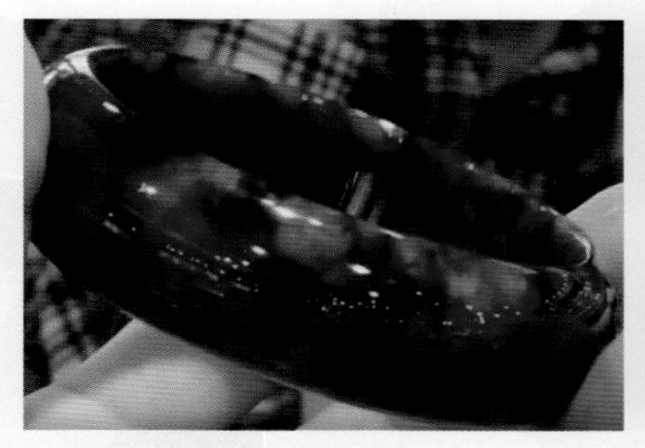

图 9-21　花青种

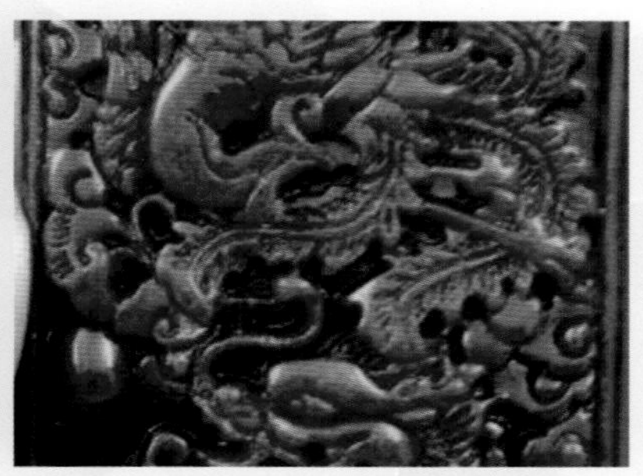

图 9-22　铁龙生

（11）干青种：这种翡翠的绿色比豆绿还差一些，而且种和水也不好，不透明，即行话所说的“发干”，如图 9-23 所示。

图 9-23　干青种

三 其他颜色

1. 紫色

紫色的翡翠比较常见，颜色有的浅、有的深。人们常把浅紫色、粉紫色的翡翠叫作芙蓉种，把紫色较深的翡翠叫作紫罗兰，其中紫罗兰的价值比较高，如图 9-24 所示。

在翡翠行业里，人们常把紫色叫作“春”或“椿”。在一块料上，绿色和紫色很少同时出现，即使有时同时出现，绿色也不鲜艳，人们把这种现象叫“有春色死”。

另外，紫色翡翠的种多数是豆种，所以行业里又有“十春九豆”的说法。

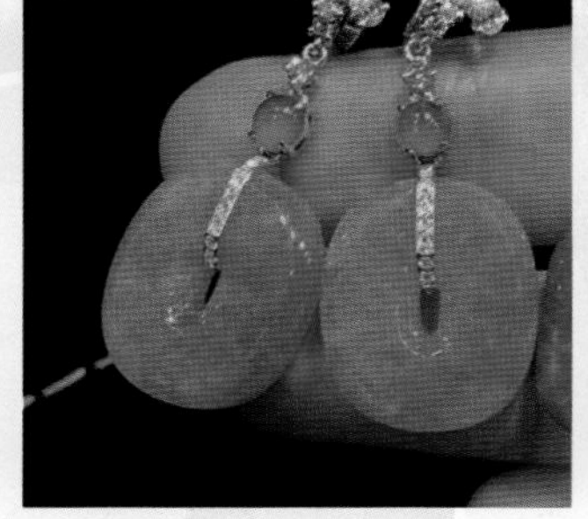
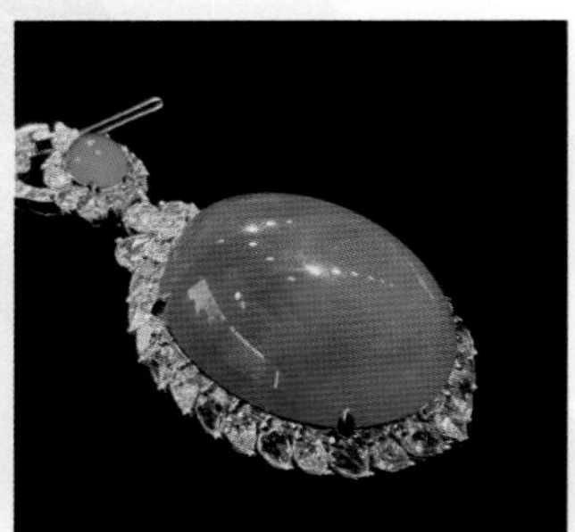

芙蓉种　　紫罗兰

图 9-24　紫色翡翠

2. 黄色和红色

黄色和红色的翡翠就是我们常说的“翡”，黄色的“翡”叫黄翡，红色的“翡”叫红翡。

黄翡的颜色有浅黄、正黄、褐黄、棕黄等，其中，符合“正、阳、浓、和”标准的正黄色价值最高，如图 9-25 所示。

红翡的颜色也有多种，比如鲜红、橙红等，其中，符合“正、阳、浓、和”标准的鲜红色价值最高，如图 9-26 所示。

总体来说，红翡的价值要高于黄翡。

图 9-25　黄翡

图 9-26　红翡

3. 蓝色

有的翡翠是蓝色的，具体有蓝晴、蓝水、湖水蓝、天空蓝、老蓝水（也叫海蓝）等品种，其中，天空蓝和老蓝水的价值最高，如图 9-27 所示。

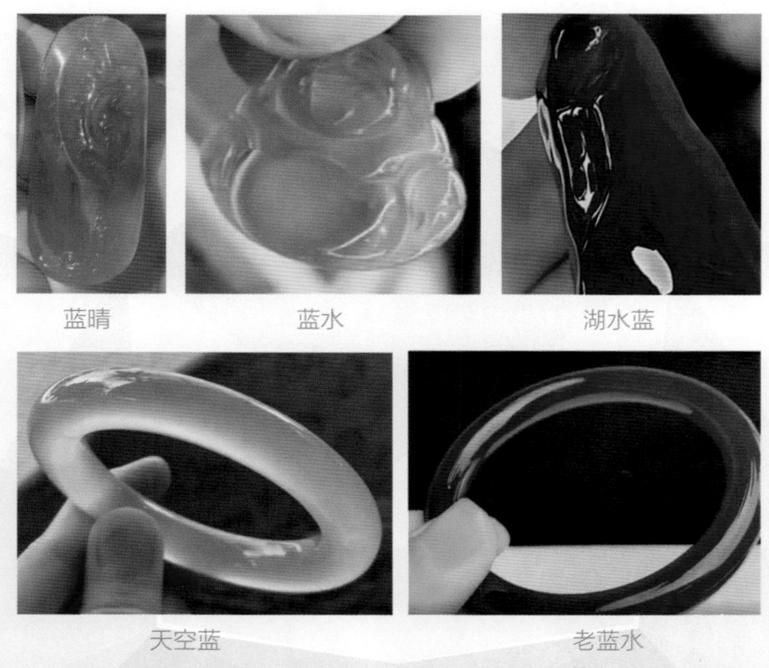
蓝晴　蓝水　湖水蓝

天空蓝　老蓝水

图 9-27　蓝色翡翠

4. 黑色

黑色的翡翠有蓝黑、绿黑、灰黑等品种，其中，蓝黑色和绿黑色的翡翠叫墨翠，灰黑色的翡翠叫乌鸡种，如图 9-28 所示。

墨翠　乌鸡种

图 9-28　黑色翡翠

目前，在市场上，墨翠的价值比乌鸡种高。

四 颜色的其他因素

对翡翠来说，除了颜色的种类外，颜色的其他因素也会影响翡翠的价值，包括颜色的面积、颜色的形状、颜色的数量等。

1. 颜色的面积

颜色的面积是指翡翠表面的颜色（一般不包括白色、无色、黑色）的面积，比如绿色、红色、紫色等。总的来说，在其他条件相同的情况下，颜色的面积越大，翡翠的价值越高，所以满绿翡翠的价格很高，如图 9-29 所示。

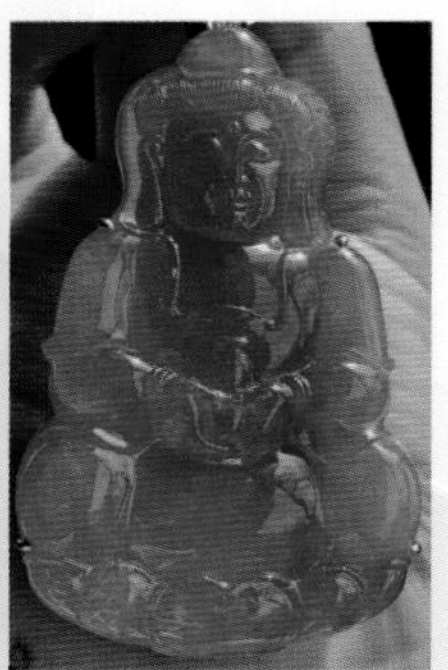

图 9-29　颜色的面积

2. 颜色的形状

颜色的形状是指翡翠上绿色、黄色、红色、紫色等颜色的形状，人们常把它们叫“花”，这种翡翠叫飘花翡翠，如图 9-30 所示。

我们很容易理解：花越漂亮、新颖、有意义、有内涵，翡翠就越具有特殊的意境美，越耐看，观看时可能让人浮想联翩，这样的翡翠价值也就很高。比如，有的花像空中的云朵，灵动飘逸；有的花像池塘中的游鱼；有的花像水墨画中的山峰；有的花像江南美人的忧思；等等。

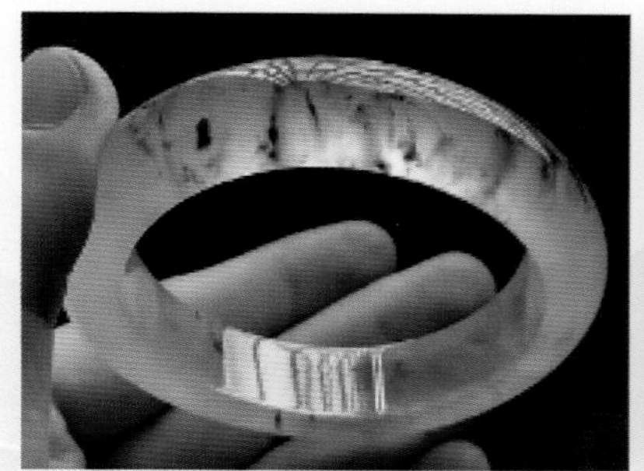

图 9-30　飘花翡翠

3. 颜色的数量

有少数翡翠，在一块料上有多种颜色，比如，绿色和红色、绿色和黄色等。人们给它们赋予了一些特殊的寓意，因此这些翡翠的价值也很高。比如，人们把绿、黄（或红）共存的翡翠叫“春带彩”或“双喜临门”；把绿、黄（或红）、紫共存的翡翠叫“福禄寿”；把绿、红、黄、紫共存的翡翠叫“福禄寿喜”；把白、绿、红、黄、紫共存的翡翠叫“五福临门”，如图 9-31 所示。

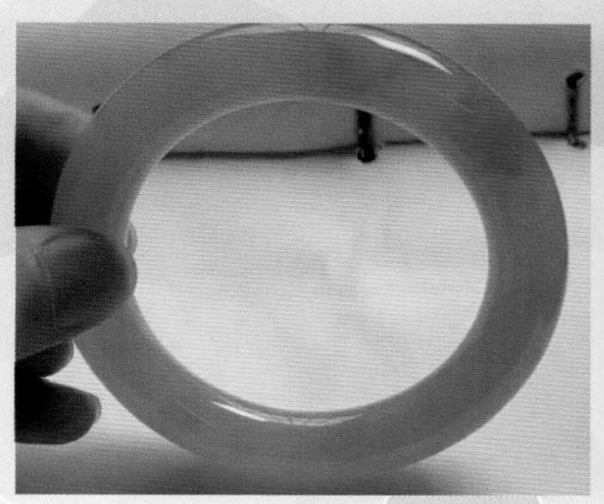

春带彩

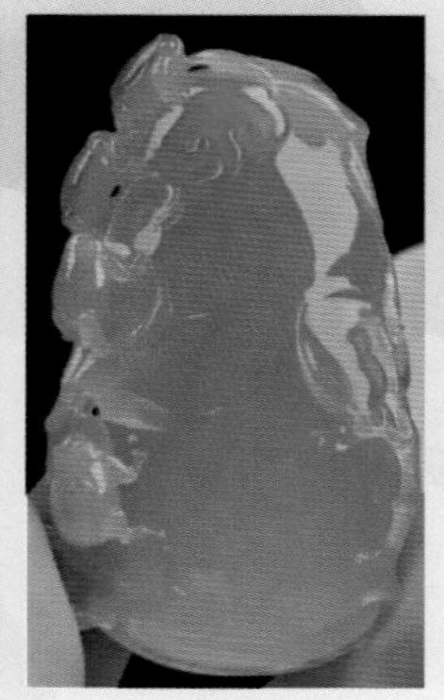

福禄寿

图 9-31　多色翡翠

五 颜色的挑选

挑选翡翠的颜色时，有以下几个注意事项。

1. 灯下不观色

看翡翠的颜色时，应该在自然光的环境中观看。不能用强光手电照射，也不能用商家的宝石灯照射。因为在这些工具的照射下，翡翠的真实颜色经常会发生改变。

2. 网上购买要仔细观察

我们在网上看到的翡翠图片，其颜色和实物的颜色可能会有偏差。虽然很多商家会给出提示信息，但是在购买时，我们最好确认一下，比如和商家协商，如果拿到手后，发现颜色有偏差，能否退换等。

3. 直播间购买要仔细观察

道理和上面类似：我们在直播间里看到的产品可能会和实物的颜色有差别，所以需要认真观察。

4. 夜市购买要仔细观察

在夜市里，灯光比较昏暗，不容易看清翡翠的颜色，即使用手电照明，我们看到的颜色和真正的颜色也可能会不一样，所以需要仔细观察。

第4节 瑕疵

翡翠的瑕疵对价值影响很大。

一 瑕疵的种类

翡翠里的瑕疵有多种类型，常见的有下面几种。

1. 斑点或斑块

斑点或斑块是指翡翠上比较难看的点或块，颜色有黑色、黄色、褐色等，它们主要是由一些杂质元素或矿物形成的。

在翡翠行业里，常把斑点或斑块叫“脏”，有时候，也把斑块叫“癣”，如图 9-32 所示。

2. 棉

棉也叫白棉、棉絮、棉绺等，是指翡翠内部一些白色的像棉花或云朵一样的絮状物，如图 9-33 所示。

图 9-32　翡翠的“脏”

图 9-33　翡翠里的棉

在翡翠行业里，常把斑块状的棉叫“石花”，把团块状的棉叫“石脑”。

棉也是由一些杂质元素或矿物组成的。

3. 裂纹

裂纹也叫裂绺，如图 9-34 所示。

4. 石纹

有的翡翠内部或表面有一些纹路，人们常把它们叫作石纹或石筋，如图 9-35 所示。

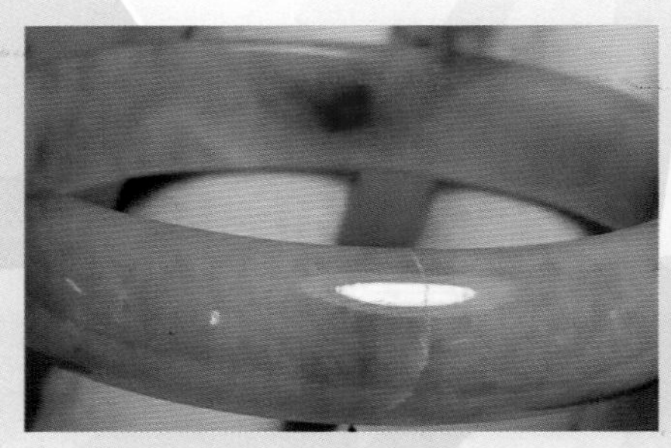

图 9-34　裂纹

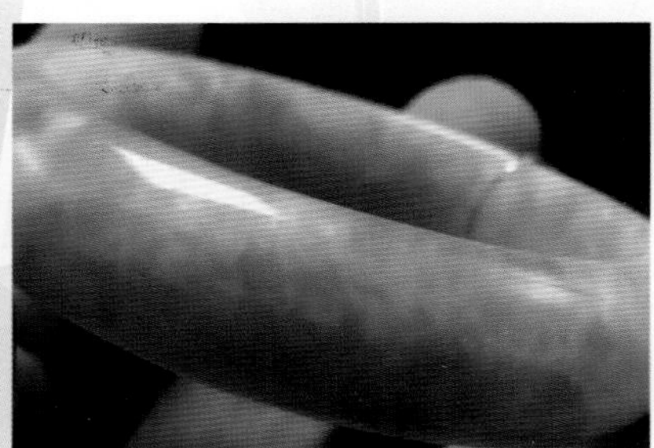

图 9-35　石纹

二 瑕疵对翡翠价值的影响

1. 斑点或斑块的影响

斑点或斑块会影响翡翠的外观，从而使翡翠的价值降低。

斑点或斑块的数量、大小、颜色、位置不同，对翡翠的具体影响也不一样：数量越多、尺寸越大，对翡翠的影响越大；颜色越深，对翡翠的影响越大；位置越靠近中间，对翡翠的影响越大。

2. 棉的影响

多数时候，棉会使翡翠的价值下降。但有时候，棉的形状比较特殊，会使翡翠的价值提高。比如，木那矿区产出的雪花棉翡翠，里面有很多雪花形的棉絮，受到人们的喜爱，人们赞美这种翡翠为：“点点雪花，混沌初开；海天一色，木那至尊。”如图 9-36 所示。

3. 裂纹的影响

裂纹会严重影响翡翠的价值：一方面，它会影响翡翠的美观；另一方面，它会使翡翠发生断裂。

在市场上，经常可以看到：有的翡翠的种、水、色都很好，但是有裂纹，因而价格很低。有人专门利用这一点，花较少的钱，购买这种翡翠。

图 9-36　木那的雪花棉翡翠

4. 石纹的影响

在翡翠行业里，人们常说："玉无纹，天无云；玉有纹，身有银。"意思是，玉石里的纹路就和天上的云朵一样正常。纹路对翡翠的影响和棉很像：多数情况下，纹路会使翡翠的价值下降，但有时候，纹路的形状比较特殊，会使翡翠的价值提高。

三　瑕疵的检查方法和注意事项

1. 强光照射

检查瑕疵，最有效而且简便的方法，就是用强光手电照射。因为强光手电发出的强光穿透性很好，可以照射进翡翠内部。翡翠里面的各种瑕疵的化学成分和显微结构，都和翡翠的基体部分不一样，所以，瑕疵和翡翠基体对光线的吸收程度、透过率都不一样，这样，我们就可以看到翡翠内部的瑕疵。尤其是尺寸小、颜色浅的斑点、棉、纹路，以及又细又短的裂纹等，如图 9-37 所示。

因为自然光线的穿透力很弱，如果不用强光手电照射，只是在自然光线下观察，就不容易发现翡翠内部的瑕疵。

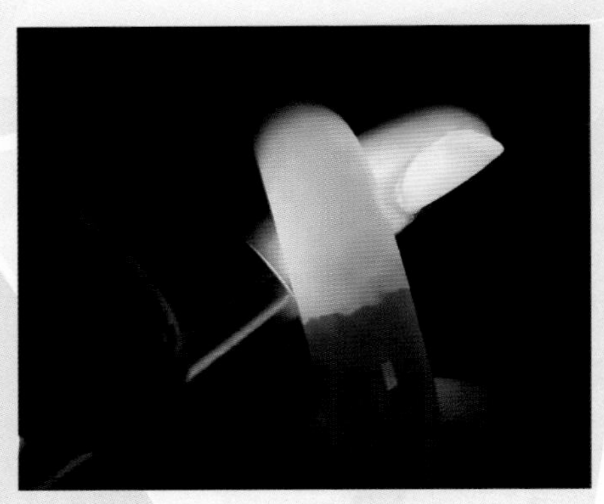
图 9-37　强光照射检查瑕疵

2. 裂纹的检查

在所有的瑕疵中，裂纹对翡翠的影响最大，很多时候可以说是致命的。所以，在挑选翡翠时要认真检查有没有裂纹，不能抱有侥幸心理。尤其是小裂纹，人们常说“不怕大裂怕小绺”，它们容易被忽视，所以危害更严重。

在检查时，尤其需要重点检查下面几种裂纹。

（1）细裂纹。

（2）短裂纹。

（3）颜色浅的裂纹。

（4）内部的裂纹，尤其是隐藏在颜色较深的部分里面及周围的，比如绿块里和它的周围。

（5）边缘和角落里的裂纹。

（6）孔周围的裂纹。

（7）金属托周围的裂纹。

上述这些裂纹很难被发现，所以需要更细心地检查。有效的方法仍是用强光手电照射，裂纹会更明显，更容易被发现。

3. 认真检查雕花件

总的来说，在其他条件相同的情况下，光身件的价值比雕花件高。因为光身件对原料的品质要求更高——基本没有瑕疵，因为如果有瑕疵，很容易看到。所以，我国古代著作《礼记》中就提到：“大圭不琢，美其质也。”意思是档次特别高的玉是不进行雕琢的，要向人们展示它的质地。

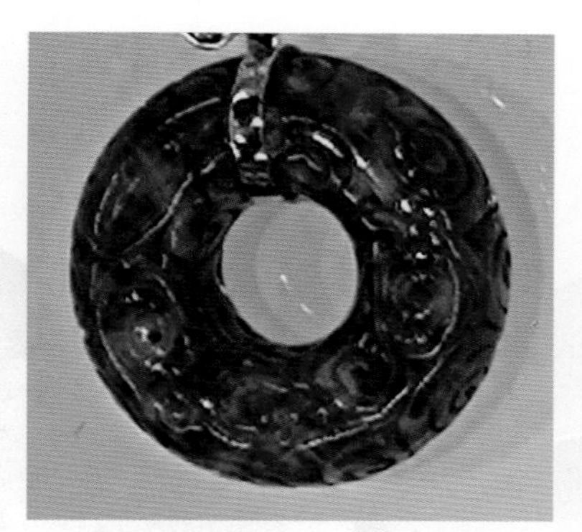
图 9-38　雕花件

反之，如果翡翠有瑕疵，人们通常会通过雕琢的方法去除和掩盖这些瑕疵，所以，翡翠行业里一向有“无绺不做花”的说法：“绺”指的是裂纹；“花”是雕琢的图案、花纹等。全句的意思是：如果翡翠上没有裂纹，就不会雕琢花纹、图案。反过来理解，就是：如果翡翠上雕琢了花纹、图案等，那么，翡翠上可能有裂纹等瑕疵。

所以，购买翡翠时，对雕花件，要认真检查花纹、图案，看它们的位置有没有裂纹。即使没有裂纹，在多数情况下，雕花件的价值也应该比种、水、色、大小等条件相当的光身件低一些，如图 9-38 所示。

4. 纹路和裂纹的区别

很多时候，翡翠的纹路和裂纹看着很像，在多数情况下，纹路对翡翠的危害比裂纹小得多。所以需要分辨翡翠上的纹路和裂纹。

常用的方法是：首先，可以用手抚摸。如果纹路或裂纹在翡翠的表面，可以感觉到，裂纹有“割手”的感觉，而纹路没有这种感觉。

其次，用强光手电照射。如果它们在翡翠的内部，可以看到，如果是裂纹，光线在裂纹两侧的亮度差别比较大，就是一边比较亮，另一边比较暗。而纹路两侧的亮度差别很小。

5. 在网上、夜市中购买翡翠时，需要仔细观察

如前所述，在这些场合看到的翡翠，很难看清瑕疵，尤其是细小的裂纹等。这些情况下看到的翡翠，和真正拿在手里看到的，可能有天壤之别。所以，对价格比较昂贵的翡翠，建议尽量在现场挑选、检查，我们人眼的分辨率和景深比手机摄像头、摄像机的要高得多。

6. 注重性价比

购买翡翠和购买其他商品一样，不能太苛刻，过分追求完美。特别完美的翡翠，价格自然会非常高。人们常说："无瑕不成玉。"绝大多数翡翠都会有瑕疵，对我们普通消费者来说，稍微有些瑕疵但价格比较低的翡翠，性价比会更高。

第5节 加工工艺

一 加工工艺对翡翠的影响

翡翠的加工工艺对翡翠的价值具有重要影响，有时候甚至可以起决定性作用，成为保证翡翠价值的关键因素。多年来，一直流传着“玉不琢，不成器”的说法。唐太宗李世民曾说：“玉虽有美质，在于石间，不值良工琢磨，与瓦砾不别。”

在玉雕行业里，人们常说“料工各半”，是指玉器的价值，原料占一半，工艺占一半；甚至有人说“三分料，七分工”，意思是玉器的价值，原料只占三分，而工艺占七分，更说明了加工工艺的作用。

在玉石界，还有一句行话，叫“好料配好工”，意思是品质高的原料，需要高水平的加工工艺，这样才会得到高品质的产品；否则，如果加工工艺比较差，会把品质高的原料浪费掉。

二 加工工艺的作用

加工工艺主要有下述几方面的作用。

1. 使翡翠具有寓意和内涵

一块翡翠原石，本来只是自然界的一块石头。经过加工后，制成成品，如手镯、平安镯、戒指等，具有特定的寓意和内涵，更多的人才会更喜欢它。

2. 能够化腐朽为神奇

玉雕师通过巧妙地加工（包括设计），利用俏色、雕琢等手法，可以“变废为宝”“化腐朽为神奇”，把品质较低的翡翠原石变为令人拍案叫绝的产品，从而极大地提升翡翠的价值。

3. 改善翡翠的品质

玉雕师可以通过加工工艺改善翡翠本身的品质。前面提到过，常见的一种方法是，通过雕琢花纹和图案，去除和掩盖瑕疵。

还有一种方法，是通过控制产品的厚度，改善产品的水头和颜色。比如，有的翡翠的水头不太好，颜色发暗。玉雕师经常采用减薄的方法，减小它的厚度，这样，它的水头就会得到提高，颜色也会变得明亮。

三 加工工艺的挑选

好的加工工艺，主要体现在下面几方面。

1. 看产品的寓意和内涵

在我国，翡翠具有很强的文化属性，有很强的象征意义，这在很大程度上决定了翡翠的价值。

我们知道，很多人买翡翠时，一方面是看料子本身的品质；另一方面，也特别看重产品的内涵，希望图一个吉利、好兆头。这就是翡翠的文化属性。

所以，有寓意和内涵的翡翠，价值更高。比如，观音、佛、平安扣都代表平安，所以受到人们的广泛欢迎；竹节表示节节高，葫芦表示福禄双全等，多年来也经久不衰。

除了翡翠首饰外，有一些翡翠工艺品，构思和设计非常巧妙，创意独特，而且和翡翠的形状、颜色等巧妙地融合在一起，内涵丰富，让人感觉很“耐看”，百看不厌，甚至历久弥新，越看越想看。这样的翡翠，无疑具有很高的美学价值、艺术价值和经济价值，值得收藏。

需要注意的是，有的卖古玉的商家，为了提高产品的价值，会杜撰它的来历和背景，从而提高文化价值。遇到“有故事”的翡翠时，需要考证这些故事的真假，不能盲目相信。

2. 检查加工工艺的质量

加工工艺的质量包括以下几方面。

（1）造型的美感。有的翡翠，图案或图形看着很漂亮、舒服，但有的看着就不好看、不舒服，比如，有的人物五官不清。这种美感和图形的设计、加工都有关系。

（2）线条的质量。比如，直线是不是直的；圆弧线是否流畅、圆润。

（3）面的质量。比如，平面是不是平的；圆弧面是否流畅、圆润、光滑。

（4）加工工艺缺陷。比如，线条的中间、平面和曲面的中间、图案的边缘等位置有没有崩下来的凹坑，平面和曲面上有没有凸起等。

（5）抛光质量。观察表面是否光滑，也可以通过抚摸来感受。如果感觉光滑、圆润，说明抛光质量比较好；如果感觉比较涩，说明抛光质量不太好；如果有刺痛感，说明抛光质量很差，甚至不合格。

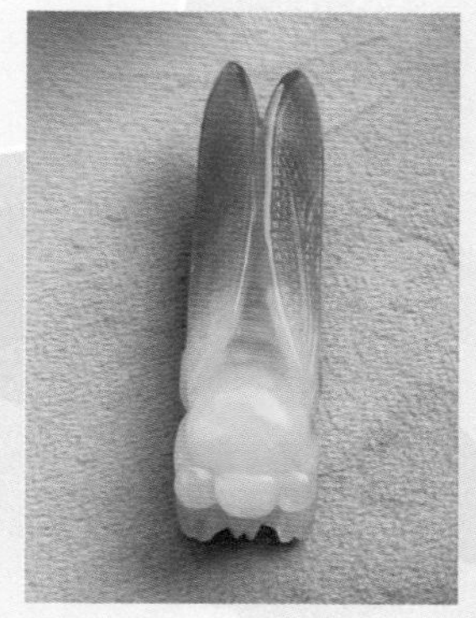

图 9-39 《一鸣惊人》

我们看图 9-39 所示的作品，它是一只蝉，寓意“一鸣惊人”，两只翅膀和身体都是绿色的，头部是白色的。无论是寓意还是设计水平、加工质量，这件作品都很优秀。

3. 好的加工工艺≠复杂

翡翠的加工工艺的质量和复杂程度之间并没有太大的关系，也就是说，好的加工工艺并不一定复杂，而复杂的加工工艺并不一定好，正如《道德经》里所说：“大象无形，大音希声。”高水平的加工工艺看

图 9-40　高水平的加工工艺

起来很简单，如图 9-40 所示。

可以看到，根据上面介绍的标准进行检查，图 9-40 所示的产品加工质量非常好。

另外，前面提到，所谓“无绺不做花”。如果看到有的翡翠的雕琢特别复杂，有很多花纹、图案等，就需要认真检查它们是不是为了掩盖瑕疵了。

怎么区分人工雕刻和机器雕刻呢?

区分人工雕刻和机器雕刻，如数控雕刻、超声波雕刻等，常用的有下面几种方法。

（1）看图案是不是合理。因为人工雕刻会根据原料的颜色分布进行设计和雕琢，所以这种翡翠的图案比较合理，比如，人脸的颜色是统一的，比如各个部位都是白色，或者都是绿色。而机器雕琢做不到这一点，经常会使图案不合理，比如，人脸的左侧可能是白色，而右侧却是绿色的。

（2）看款式是否相同。人工雕琢的翡翠，即使图案相同，但两件翡翠之间总会有区别。而机器雕琢的翡翠，图案却是完全相同的，千篇一律，互相之间没有变化。

（3）看雕琢的质量。人工雕琢的翡翠，质量普遍比机器雕琢得好，比如，图案清晰，轮廓分明，线条尖锐、很细。而机器雕琢的翡翠，由于模具会发生磨损，因此雕琢的多数产品的质量较差，比如，图案比较模糊，尤其是一些细节部分更是这样，轮廓不清晰，图像模糊；线条又宽又粗，而且不均匀。

第6节 尺寸

挑选翡翠时，还要考虑产品的尺寸。总的来说，在种、水、色等因素相同时，尺寸大、重量大的产品，价值更高。

具体来说，翡翠的尺寸包括长度、宽度、厚度，如图 9-41 所示。

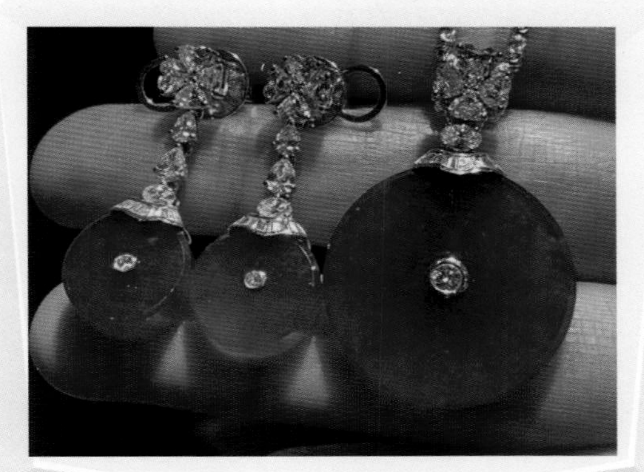

图 9-41　翡翠的尺寸

第10章

翡翠的选购方法

上一章介绍了翡翠的价值评价方法，这一章我们介绍常见的翡翠饰品的选购方法，包括手镯、蛋面、挂件、珠链等，如图 10-1 所示。

图 10-1　翡翠饰品

第1节 选购的基本方法

一 选择信誉好的正规商家

正规商家出售的翡翠一般有质量保证。他们做的是长远生意，一般不会为了短期利益，销售假冒伪劣产品，砸自己的招牌。另外，这类商家的售后服务也比较完善，包括后期的保养、修复等。

二 开具正规发票和承诺材料

对价值比较高的翡翠，需要慎重，在商言商。即使对方提供鉴定证书，最好也问清楚：如果将来鉴定为假，是否可以退货？然后开具正规发票，把翡翠的信息标注清楚，比如名称、颜色、尺寸、价格等。

三 货比三家

目前，整体来说，翡翠行业还不太规范，在品质的分级、价格的确定等方面，还没有统一、客观的标准，所以，一些品质相同或相近的产品，在不同的商家处，价格经常相差很大。所以，在购买时，尽量货比三家。

四 有自己的主见

（1）应该自己有主见，不轻信别人的话。如前所述，有的商家会夸大自己产品的质量等级，如种、水、色等。所以，应该按自己的标准去判断，不能完全听别人的。

（2）要做到这一点，需要系统地学习翡翠方面的知识，另外，更重要的是要多实践：多去翡翠市场，做到多看、多听、多想，适量地问，少摸、少拿。经过一段时间后，就可以对翡翠的基本知识、市场行情有一个大致的了解，可以做到心中有数，不容易被迷惑。

（3）不跟风。平时，媒体、网络上经常炒作一些热门款式、明星款式。对这类产品，最好不盲目跟风。首先，应该看自己是不是真的喜欢它们。其次，如果确实喜欢，最好也不要在炒作最厉害的时间购买，因为这时候，它们的价格会虚高。多数情况下，它们的热度很快就会冷下来，那时再买比较划算。

有人会想：既然它们已经冷下来了，我为什么还要买呢？如果这么想，就说明自己并不是真心喜欢它们，那就更应该谨慎了。

五 不过分追求完美

翡翠大多会有一些缺陷。当然也有特别完美的，但它们的价格非常高。对普通消费者来说，从性价比的角度考虑，最好不要过分追求完美。

六 不能指望品质低的料子升值

品质好的翡翠比较少见，所以容易升值。而品质低的翡翠数量很多，基本不会升值。

在翡翠行业里，人们常把品质好的翡翠叫“高货”，把品质很差的翡翠叫“砖头料”。砖头料的种、水、色都很差，而且经常有很多杂质，价值比较低，不适合制作首饰，经常雕琢成工艺品。

七 网上购买、夜市购买要仔细观察

前面提过，在网上和夜市购买翡翠时，很多细节不容易看清，所以应该比平时更加认真、仔细地观察，价值较高的翡翠更是如此。

第2节

翡翠手镯的选购方法

购买翡翠手镯时，主要按上一章介绍的内容选择合适的种、水、色。下面介绍其他几种选择方法。

一 瑕疵

手镯可以有一些瑕疵，比如斑点、棉等，但瑕疵越少越好，这样价值才高。

但是，手镯上不能有裂纹，尤其是和条杆的轴线方向垂直的裂纹，它们很容易使手镯发生断裂，如图 10-2 所示。

我们可以经常看到，有的手镯上会系一条红绳，看着很漂亮，如图 10-3 所示。这么做的目的有多种，比如看着漂亮，拿取时方便，不容易滑落。但有的资料介绍，有人会用这种办法遮掩裂纹，所以购买时需要注意。

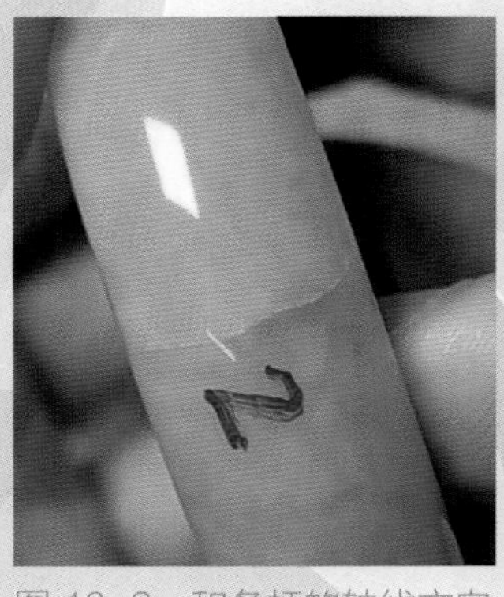

图 10-2　和条杆的轴线方向垂直的裂纹

图 10-3　翡翠上的红绳

二 加工工艺

1. 形状

比如，手镯的圆度是否标准，条杆各个位置的形状、尺寸是否一致。

2. 内圈的加工质量

手镯的内圈和皮肤直接接触，而且接触面积很大，所以对加工质量要求比较高，包括打磨质量和抛光质量。比如，内圈的表面需要尽量光滑，不能有划痕、毛刺、凸起等，因为它们会摩擦皮肤，让人感觉很不舒服，甚至会把皮肤划伤，如图 10-4 所示。

3. 雕花手镯

有的手镯雕刻了一些图案、花纹等，针对这种情况，需要检查雕琢位置有没有裂纹等缺陷。

4. 鸳鸯镯

鸳鸯镯需要检查它们的形状、尺寸、颜色等是否协调、搭配，如图 10-5 所示。

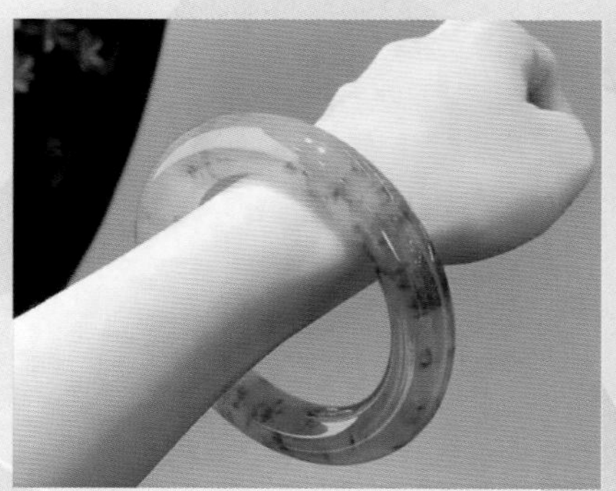

图 10-4 内圈的加工质量

图 10-5 鸳鸯镯

三 尺寸和重量

挑选手镯时，还要注意它们的尺寸或重量。一般来说，在其他条件相同时，尺寸越大，重量越重，价值越高。

尺寸既包括手镯的内圈尺寸，也包括条杆的尺寸，如条杆的宽度、厚度等，如图 10-6 所示。

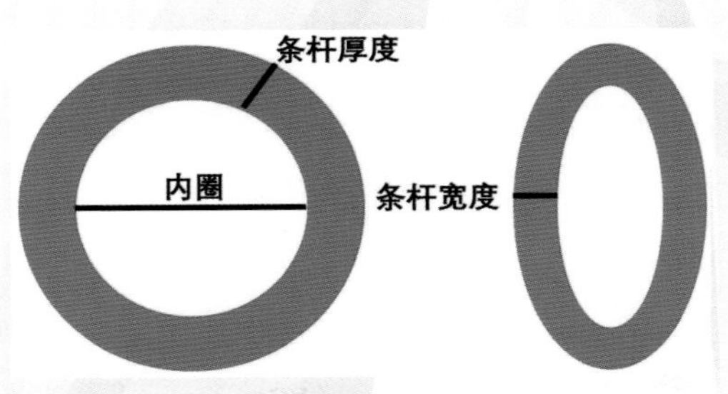

图 10-6　手镯的尺寸

对大多数手镯来说，尺寸越大，即内圈大、条杆粗的，价值更高；而内圈小、条杆细的，价值较低。

可以用工具测量尺寸，可以用手轻轻地掂量，估计手镯的重量。

第3节 蛋面类首饰的选购方法

翡翠蛋面类首饰包括戒指、吊坠、耳饰、项链等，如图10-7所示。

如前所述，翡翠蛋面类首饰对翡翠的质量要求很高，在购买时，主要考虑下面几个因素。

图 10-7　蛋面类首饰

一 种水

总的来说，翡翠蛋面的种最好在冰种以上，水头比较好。虽然它们的价格比较高，但是这类首饰需要用好的翡翠制造。如果用种水差的翡翠制造，这样的首饰就失去了意义。所以，购买这类首饰，首先应该考虑品质，价格放在次要位置。

二 颜色

蛋面要求各个位置的颜色均匀一致，不能“花”，就是不能有的地方颜色深、有的地方颜色浅。另外，不论是哪种颜色，应该尽量符合“浓、阳、正、和”四个标准。

三 瑕疵

翡翠蛋面对纯净度要求很高，表面不能有明显的瑕疵，如斑点、裂纹、棉、纹等，否则，会大煞风景，严重降低整件首饰的价值。

四 加工工艺

图 10-8　成对的蛋面首饰

翡翠蛋面对加工工艺的要求，主要包括下面几点。

（1）形状规则，比如弧面圆润、光滑，平面平整。各部分的长度适当，比例协调。

（2）对成对的产品，如耳饰，要检查它们的大小、形状、颜色等是否一致、匹配，表面打磨是否光滑，有没有划痕，抛光质量要高，光泽强，看着很亮，如图 10-8 所示。

五 形状

一般来说，圆形蛋面的价值最高，因为它最费料。椭圆形蛋面的价值稍低。随形蛋面的价值比较低，因为它比较省料。

六 尺寸

蛋面的尺寸越大，价值越高。尺寸包括长度、宽度、厚度三个方面。所以，挑选时，既要看蛋面的长度和宽度，也要看蛋面的厚度。这三个尺寸越大，价值越高。所以，如前所述：双凸型蛋面的价值最高，单凸型次之，而挖底型价值最低。尽量不要选太薄的蛋面，因为它的重量比较轻，用料较少，而且容易被破坏。

七 镶嵌质量

蛋面类首饰一般都镶嵌在贵金属托中，所以，还要检查镶嵌质量，具体包括下面几点。

（1）看金属的种类。一般来说，翡翠的品质越好，搭配的金属越贵重，如铂金、黄金等。而品质低的翡翠，搭配的金属价值也较低，如 K 金、银等。

（2）仔细检查翡翠和贵金属之间的镶嵌是否牢固、可靠，防止将来佩戴时发生脱落。

（3）检查镶嵌工艺是否精细。

（4）检查翡翠与金属接触的部分有没有发生破坏，比如裂纹、崩角等。

第4节

翡翠挂件的选购方法

翡翠挂件对品质的要求比较宽松：有的品质很好，有的品质较差。其选购方法和手镯、蛋面类似，这里不再重复。需要注意的主要有两点。

一 加工工艺

有的挂件进行了雕刻，因此需要检查雕刻的质量，具体包括以下两方面。

（1）雕刻题材的内涵和寓意。

（2）雕刻图案的精细度。比如，图案是否栩栩如生，细节部分是否清晰。

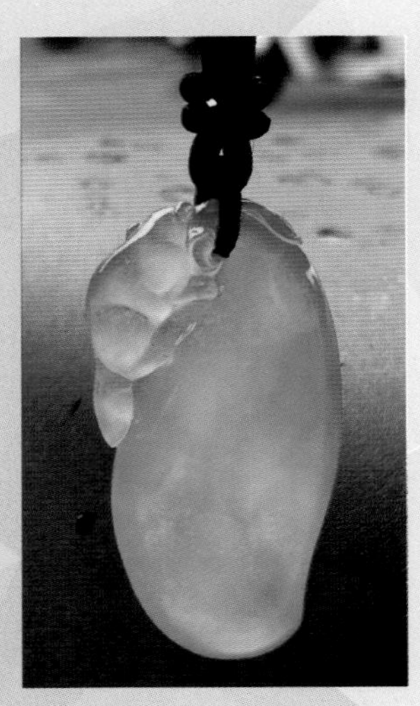

图 10-9　翡翠挂件

二 孔的质量

有的挂件上加工了小孔，便于系绳、佩戴（见图 10-9），所以需要检查孔的质量，主要有两点。

（1）孔的形状是否规则、圆润、精细，还是粗糙。

（2）孔的周围有没有产生微细的裂纹。

翡翠项链的选购方法

翡翠项链对品质的要求和蛋面类似，如图 10-10 所示。

选购时，主要按照蛋面的方法进行。除此之外，还需要注意下面几点。

图 10-10　翡翠项链

一 认真检查每个珠子的品质

珠子的品质包括种、水、色等。

二 认真检查每个珠子的尺寸和形状

当其他条件相同时，珠子越大，价值越高。另外，还要看各个珠子的形状、尺寸是否一致。

三 认真检查每个珠子的瑕疵

瑕疵包括斑点、斑块、棉、裂纹等。具体有两个位置：第一个是珠子的表面；第二个是珠子的孔的四周，因为在加工孔的时候，很容易在周围产生裂纹。

四 检查孔的加工质量和绳子的质量

比如，孔的边缘最好是圆弧形，这样对绳子的磨损比较轻。

另外，检查绳子的质量，看看有没有发生损坏的地方。

第11章

翡翠的保养方法

前面提过，翡翠比较脆弱，容易发生损坏；此外，翡翠的外观如颜色、光泽、水头等都容易受到外界一些因素的影响。所以，作为一种贵重的首饰，翡翠需要进行保养和维护，以保证其使用寿命和外观的美观，如图 11-1 所示。

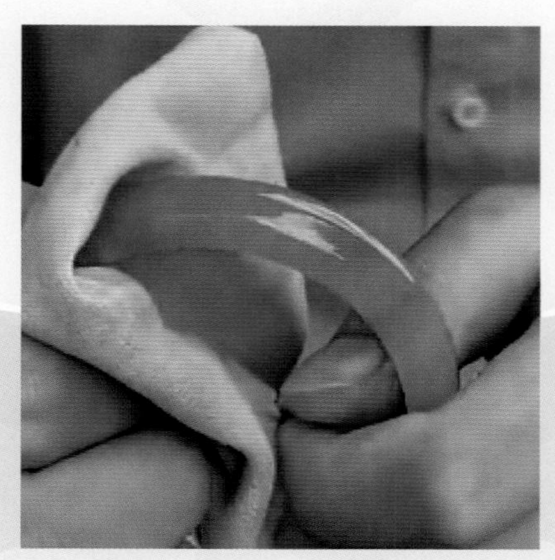

图 11-1　翡翠手镯的保养

通用保养方法

一 防止摔落、磕碰

在做剧烈运动时，如体力劳动、体育运动，甚至做家务，尽量不要佩戴翡翠，以免发生磕碰或掉落。

即使是进行轻微活动，如果佩戴着翡翠首饰，也应注意控制动作的幅度和速度。例如，走路、挥手、转身等动作的幅度不宜过大，力度不宜过重，速度不宜过快或过猛，以防止不慎碰到周围的墙壁、家具等物品，造成磕碰。

二 避免高温和干燥环境

许多翡翠表面都涂有蜡，因此光泽很强，看起来非常亮。此外，蜡层还起保护作用，防止外界腐蚀性物质侵蚀翡翠。

在高温下，蜡可能会熔化、分解、挥发，导致翡翠的光泽变弱，甚至消失。

此外，在高温、干燥的环境中，翡翠内部的水分和油脂等可能会挥发，导致光泽变暗，水头变差，严重时甚至会使翡翠产生裂纹。

因此，无论是在佩戴时还是存放期间，都应避免翡翠接触高温和干燥环境。常见的注意事项包括以下几个方面。

- 在一些高温场所工作时，不要佩戴翡翠。
- 不要在阳光下长时间暴晒翡翠。
- 不要把翡翠放在暖气片上。

- 在日照较强烈的海边、沙漠等地方，尽量不要佩戴翡翠。
- 在厨房做饭时，不要佩戴翡翠。
- 不能把翡翠放在消毒柜里进行高温消毒。

三 防止污染和腐蚀

要避免翡翠受到污染，并远离腐蚀性物质。因为污染物和腐蚀性物质黏附在翡翠表面上，会带来以下危害。

（1）污染翡翠，导致颜色变黄或变黑，光泽变暗，水头变差，表面还可能产生斑点、斑块等。

（2）腐蚀翡翠，导致翡翠表面和内部产生孔洞、坑洼、裂纹等。

常见的可以腐蚀翡翠的物质有厨房油烟、化妆品、香水、洗涤用品、灰尘、酒精、人体的汗液等。因此，在厨房做饭、化妆、洗漱、洗澡、游泳、运动时，尽量不要佩戴翡翠。海水也具有腐蚀作用，所以去海边时，尽量不要佩戴翡翠。另外，夏天时，由于人们出汗较多，汗液中含有多种腐蚀性物质，所以需要定期清洗翡翠。如果翡翠不慎接触到这些物质，应尽快清洗干净。

佩戴过程中的保养

一 佩戴时要小心

佩戴翡翠首饰时，应全神贯注，避免分心想其他事情，无论是工作还是生活中的事情。如果分心，很容易不慎失手使翡翠首饰掉落。

二 防止掉落

防止掉落常见的方法包括以下几种。

（1）尽量坐在桌子前佩戴，避免站立。 例如，在佩戴项链时，有时会不慎失手。如果坐着，项链会落在腿上，就不容易损坏它；如果站着，项链很可能会掉落到地上，从而导致损坏。

（2）桌子上应铺设比较柔软的物品。在佩戴手镯或戒指时，将手放在柔软的物品上，这样即使首饰不慎掉落，也可以减少被损坏的风险。

三 手镯的佩戴

（1）手镯在佩戴时，最好先用洗手液或护手霜等把手润滑一下，包括手掌和手背。同时，也应将手镯用水冲洗，使其变得湿润和润滑。这样在佩戴时，可以减少手镯和手之间的摩擦，使得佩戴更容易。否则，如果手和手镯都很干燥，一方面会增加佩戴的难度；另一方面，如果心里着急，手镯也有可能掉落。

（2）如果只佩戴一只翡翠手镯，建议将其戴在左手的手腕上。因为大多数人习惯使用右手进行工作，如果戴在右手上，手镯更容易受到磕碰。戴在左手上，可以降低被损坏的风险。

保存时的保养

一 摘取时小心

和佩戴翡翠首饰一样，摘取时也需要小心，不要分心去想其他事情。另外，尽量坐在桌子前摘取，并且在桌子上垫上比较软的桌布。

二 放置在安全的地方

回家后，我们经常会把钥匙、包等物品随手放置。但对翡翠来说，最好养成一个习惯：每次都将其放在固定的、安全的地方。

如果随意放置在沙发上、桌子上、床上等，很容易不小心将其碰落到地上，或者不慎坐上去，从而压坏翡翠。

三 长期存放的方法

在较长时间不佩戴翡翠首饰时，首先应进行清洗，晾干后，在翡翠表面涂抹一层玉石保养油或液体石蜡。可以使用软布、棉球或软刷进行涂抹。晾干后，将翡翠装进塑料自封袋里，再将其放入单独的盒子中，密封保存。

四 分类、分件单独存放

在电影或电视剧中，经常可以看到这样的场景：有人打开一个箱子，里面满是金银珠宝，闪闪发光，令人垂涎。

然而，如果有多种珠宝首饰，不应将它们混放在一起。因为珠宝的种类不同，硬度也不同，相互接触时，尤其是在较软的首饰上放置较硬的首饰，经过较长时间后，较软的首饰可能会受损。

如前所述，翡翠的硬度很高，如果将其与黄金、铂金、银等较软的金属首饰混放，这些金属容易发生变形或被划伤。

而钻石、红宝石、蓝宝石的硬度高于翡翠，如果混放，翡翠可能会被划伤。

因此，在保存翡翠首饰时，应先将其包装好，并与其他首饰隔开。

另外，由于翡翠的脆性较大，容易碰撞受损，所以每件翡翠都应单独包装、存放，尽量不要将多件翡翠首饰放在同一个袋子里。

五 注意补充水分

如果翡翠首饰长期不佩戴，需要定期补充其所需的水分。

若周围环境太干燥，翡翠内部的水分和油脂等会逐渐挥发，导致翡翠失去光泽，水头变差，严重时甚至会出现裂纹。

我们在商场的翡翠柜台里，经常会看到放置了一杯水，其作用是为翡翠补充所需水分，以保持其光泽和水头，防止裂纹的产生。

因此，如果翡翠长时间不佩戴，最好每隔一段时间就取出来，补充一定的水分。

定期进行专业检查和保养

翡翠首饰的价格比较昂贵，所以需要定期进行检查、维护和保养。平时可以自己进行，最好定期到店里请专业人士进行，类似汽车保养一样。

专业检查和保养的内容主要包括以下几方面。

一 定期检查

翡翠首饰的质量需要定期检查，以期能及时发现问题并及时处理。检查的内容主要包括以下几个方面。

1. 定期检查翡翠的质量

例如，检查翡翠是否产生了裂纹、颜色是否变黄或变黑、光泽是否变暗等。一旦发现这些情况，应立即进行处理，如擦拭、清洗。如果自己无法处理，就要寻求专业人员的帮助。

2. 定期检查镶嵌质量

在日常佩戴过程中，翡翠与金属托之间的镶嵌可能会松动，或者金属托可能会损坏。因此，需要定期检查，以防翡翠从金属托中脱落。一旦发现损坏，应立即到店里进行维修或更换。

3. 定期检查绳子的磨损

翡翠项链、吊坠等首饰在长时间佩戴后，绳子可能会发生磨损。因此，需要定期检查，以防止断裂。如果发现磨损或损坏，应尽快到店里进行维修或更换。

二 翡翠的清洗

翡翠佩戴时间一长，表面就会沾染一些污染物，因此需要对翡翠进行定期清洗。定期清洗一方面能起到清洁作用，另一方面还能为翡翠补充水分。

可以自己洗，也可以送到店里进行专业清洗。如果自己洗，可以用清水，最好使用纯净水，避免使用自来水。因为自来水中含有氯等化学物质，这些物质对翡翠有腐蚀作用。可以在水里加入中性洗涤剂，包括一些洗面奶和沐浴液。应避免使用肥皂、洗衣粉等，因为它们通常含有碱性成分，可能会腐蚀翡翠。

对于光身件，可以用软布擦洗；对于雕花件，可以使用较软的毛刷，如牙刷进行刷洗。由于翡翠表面有一层蜡，需要使用较软的工具进行擦洗。如果使用的工具较硬，如一些硬毛牙刷，可能会刮伤翡翠表面的蜡层，影响其光泽和美观，还可能会使翡翠受到外界物质的腐蚀。

需要注意的是，应避免使用牙膏清洗翡翠，因为部分牙膏中含有硬度较高的化学物质，这些物质可能会划伤翡翠表面。

此外，可以使用常温水或温水进行清洗，不宜使用热水，因为热水会使翡翠表面的蜡熔化，还可能导致翡翠出现裂纹。

还需要注意的是，不宜用酒精擦拭翡翠，因为酒精也会对翡翠造成腐蚀。

目前，在首饰行业中，人们常用超声波清洗首饰，这种方法效果很好，且节省人力。但是，翡翠一般不宜使用超声波清洗。超声波清洗主要依靠工具的振动，在首饰表面的水中产生许多微小的气泡，这些气泡不断膨胀、破裂，冲击首饰表面的污染物，最终使其脱落。超声波清洗适合清洗金属类首饰，如铂金、黄金、银等，因为金属具有良好的韧性，不会受到超声波振动的损害。然而，翡翠的脆性较大，如果使用超声波清洗，工具的振动和水中气泡的冲击可能会导致翡翠内部产生裂纹，如果翡翠原本就存在裂纹，超声波清洗可能会使裂纹加剧，最终导致翡翠断裂。

三 专业保养

翡翠佩戴时间过长，由于受到日晒、高温、摩擦、污染、腐蚀等多种因素的影响，表面的蜡不可避免地会融化、磨损、脱落，导致翡翠的光泽变暗，颜色变黄。因此，最好定期到店家进行专业保养。店家会有专业人员进行专门的处理，包括清洗、打磨、抛光、上蜡等，使翡翠重新焕发光彩。

翡翠的修复

如果翡翠首饰发生损坏，可以去店家进行修复，如图 11-2 所示。修复方法较多，常见的有以下几种。

如果出现裂纹，可以通过粘接或连接进行加固，或采用雕花工艺加以遮盖。

如果摔成几段，可以使用贵金属进行连接，或将摔碎的几段重新加工成新的首饰。

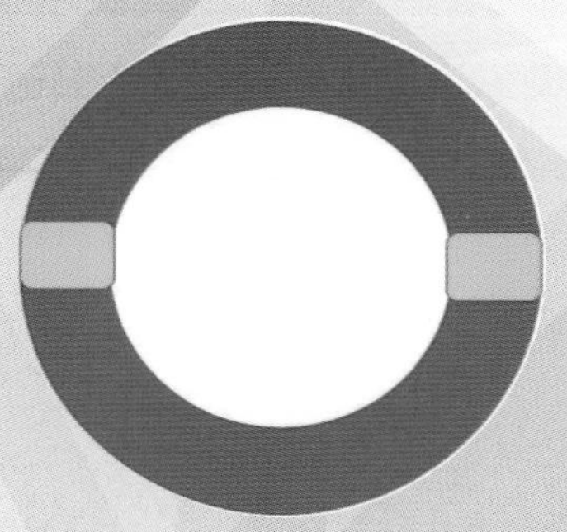

图 11-2　翡翠手镯的修复

第12章

原石的作假和鉴别

翡翠原石的作假由来已久，作假的方法千奇百怪、五花八门，有的令人意想不到，防不胜防，如图 12-1 所示。

图 12-1　翡翠原石真假难辨

假色

做假色即伪造颜色，是指通过特定的方法改变翡翠原石的原始颜色，例如变为绿色。常见的做假色方法有以下几种。

一 染色

1. 方法

在翡翠行业中，通常将染色称为炝色。染色的方法相对简单：一种是直接在翡翠原石表面刷上一层绿色颜料；另一种是将翡翠原石浸泡在绿色染料溶液中。为了提高染色效果，通常会对溶液进行加热处理，这样颜色就能更深入地渗透到翡翠表面，如图 12-2 所示。

2. 染色的鉴别方法

对染色原石的鉴别，主要采用下面几种方法。

（1）看颜色的自然程度。

天然原石的颜色看起来很自然。而染上的颜色看起来不自然，显得特别浓、特别艳，如图 12-3 所示。

图 12-2　绿色染料

图 12-3　染色的原石

（2）看颜色的均匀程度。

天然原石的颜色常常不均匀，有的位置有颜色，有的位置没有颜色；有的位置颜色深，有的位置颜色浅。染上的颜色由于使用了同一种颜料，各个位置的颜色基本相同。如果是浸泡上色，整块原石的表面颜色基本一致。如果是涂刷上色，一片或几片区域，甚至整个表面的颜色基本一致。

（3）看颜色有没有过渡。

天然原石的颜色常常有过渡：就是表面的颜色深浅不一，会出现从深到浅或从浅到深的变化，看起来就像是颜色逐渐生长而成。染上的颜色缺乏过渡，颜色的深浅程度一致，看起来显得很突兀，仿佛颜色是突然冒出来的。

（4）看凹坑和裂缝中的颜色。

仔细观察凹坑和裂缝中的颜色。天然原石中，凹坑和裂缝里的颜色深浅与周围平面部分的颜色一致，这是因为它们的化学成分相同。如果是染色的，凹坑和裂缝里的颜色会比周围平面部分的颜色更深。这是因为在染色过程中，颜料容易在凹坑和裂缝中积聚。使用强光手电筒和放大镜观察，这种现象会更加明显。

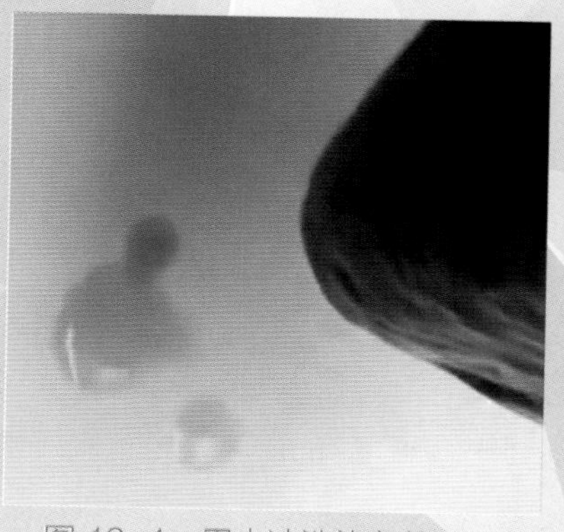

图 12-4　用水冲洗染色的原石

（5）用湿卫生纸、湿棉球擦拭。

有的染料只黏附在原石的表面，用湿卫生纸或湿棉球就可以擦下来。卫生纸和棉球可以蘸水，也可以蘸酒精（可以用啤酒代替）。有时候，用水冲洗染色的原石，流下来的水会带有颜色，如图 12-4 所示。

二 贴色

这种方法是将翡翠原石切下极薄的一片，在露出的部位染上绿色，或贴上绿色玻璃或绿色塑料，甚至有人涂抹一层绿色牙膏，然后将切下的薄片粘回原位，再使用强光手电筒照射时，可以看到内部的绿色。图 12-5 所示的绿色部分是绿牙膏。

对它的鉴别方法，常用的有以下几种。

（1）各个位置的绿色基本相同，没有变化。

（2）用水把原石的表皮清洗干净，用强光照射，同时使用放大镜，检查有没有粘贴的痕迹，比如粘接缝，或者粘接缝处会存在一些有机胶，有机胶里还经常有一些气泡等，如图 12-6 所示。

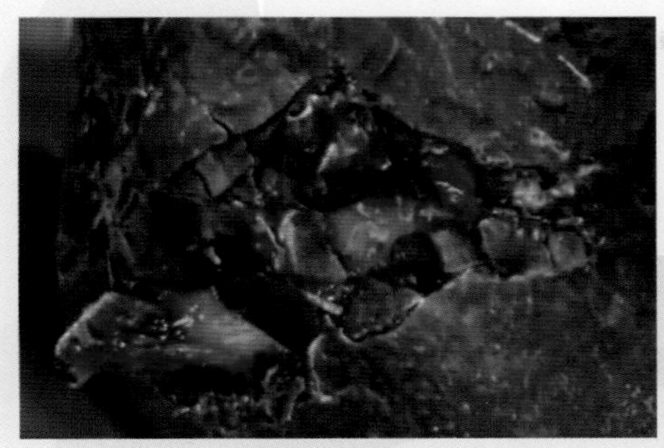

图 12-5　绿牙膏冒充的翡翠

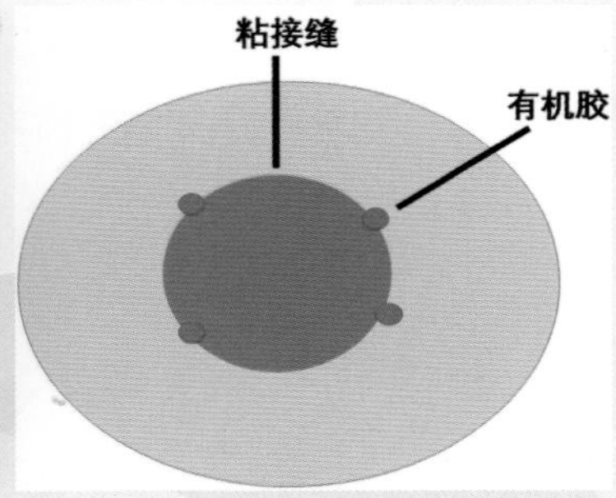

图 12-6　粘接缝的痕迹

三 灌色

1. 方法

这种方法的难度较大：它是在翡翠原石的表面钻一个孔，然后往孔里灌入一些绿色染料溶液。有人使用铬盐溶液，有人用绿色有机玻璃的四氯化碳溶液。等溶剂挥发后，再把孔口密封好，如图 12-7 所示。

采用这种作假方法的翡翠，颜色是从内部照射出来的，会让人感觉

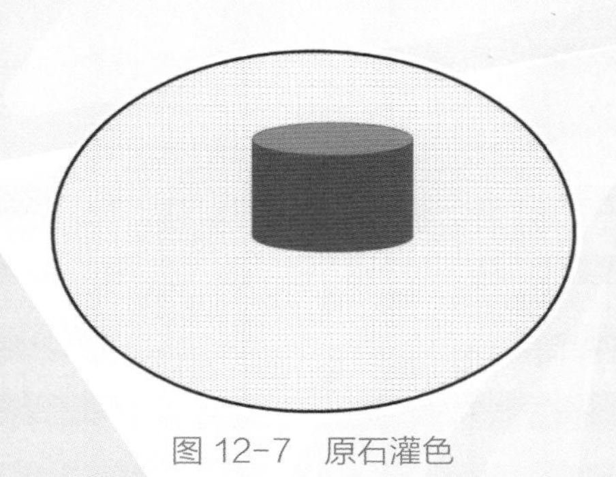

图 12-7　原石灌色

越往里面，颜色越好，所以更容易迷惑人。

2. 鉴别方法

鉴别灌色的原石，主要通过强光手电照射，用强光手电照射原石的绿色部分，先垂直绿色部分照射，然后再斜着照射。

如果是灌色的原石，可以看到，绿色部分很像一个柱子，如图 12-7 所示。

而且，灌色后，人们把开口重新密封了。有时候在开口上粘接一块很薄的石头片，石头片的四周会有粘接缝。还有的是在开口位置粘接一层沙子、石头粉末等，这种开口的微观结构和周围的部分不一样，一般比较疏松。用水把外皮清洗干净后，通过强光手电照射，就可以看出来。

第2节 假皮

假皮就是翡翠的皮壳是假的。假皮的做法比较多。

一 粘皮

这种方法是在质量较差的翡翠原石、普通石头等表面，粘一层质量较好的翡翠原石的皮壳，如图 12-8 所示。

图 12-8 粘皮

有人对一些翡翠原石开门子后，发现里面不是翡翠或者翡翠质量很差，也经常会在门子上粘一块假皮，再转卖出去。如果门子的面积很小，很难看出作假的痕迹。

由于粘上去的皮壳四周会有一些印迹，容易被别人识别出来。所以，人们经常在粘好皮壳后，再把整块石头在土壤里埋一段时间，模仿自然的风化作用。过一段时间后，皮壳周围的印迹就不明显了。

二 涂料皮

这种方法是把一些质量比较好（比如颜色是绿色，质地细腻）的翡翠皮壳粉碎成粉末，然后与胶混合起来；也有的是直接使用绿色染料、很细的石英砂等做原料，与胶混合起来。最后，把这种涂料涂覆在质量较差的翡翠原石或普通石头的表面，如图 12-9 所示。

有人对一些翡翠原石开门子后，发现里面不是翡翠或者翡翠质量很

图 12-9　涂料皮

差，也经常在门子上涂上这种涂料，把门子遮盖住，假冒没有开门子的原石。如果门子的面积很小，很难看出作假的痕迹。

有时候，人们还会把这种涂覆了涂料的石头埋入土壤里，再在土壤里加入一些酸、碱等腐蚀性物质，模仿自然风化作用。有的会埋几个月甚至几年。经过这种处理后，这种假皮壳特别逼真，很难看出是假的。

三 假象

有的翡翠原石，表面有裂纹、黑点等瑕疵，货主为了掩盖它们，经常在这些位置做一些假象，比如写字、涂染料、涂泥、粘贴纸条、布条等，用它们分散买家的注意力，如图 12-10 所示。

图 12-10　假象

还有人在质量比较差的原石表面，加工很多凹坑、沟槽等，这样，买方用强光手电照射时，光线很难照进里面，所以不容易看清里面的质量。

四 鉴别方法

鉴别假皮，常用的方法有以下几种。

（1）先用水把原石表面清洗干净，然后认真观察各个位置，看看有没有粘贴缝，如图 12-11 所示。

（2）观察皮壳的各个位置。用涂料做的假皮，各个位置的颜色、颗粒大小等是相同的。而天然的皮壳，各个位置的颜色、颗粒大小等经常有区别。

（3）观察皮壳的新鲜度。用涂料做的假皮，即使进行了模仿风化的处理，但是仍显得比较新鲜。

（4）从不同的角度观察皮壳。用涂料做的假皮，表面有一层胶，它的光泽比较强，看起来很亮，能发光。而天然的皮壳很少能发光。

图 12-11　观察外观

图 12-12　外皮和玉肉没有过渡

（5）如果原石上开了门子，可以观察门子的内侧，如果是假皮，皮和里面的肉的界限很明显、很宽，两者之间没有过渡，如图 12-12 所示。

（6）可以用手抚摸皮壳。用涂料做的假皮，表面有一层胶，所以摸起来感觉很光滑，没有割手的感觉，如图 12-13 所示。

图 12-13　抚摸法鉴别

第3节 假门

假门是指原石的门子是假的。假门的制作方法主要有下面几种。

一 贴片

这种方法是一种很老的造假方法，很常见，它是先在质量较差的原石上开一个门子，然后在门子上贴一块质量比较好的翡翠薄片，如图 12-14 所示。

鉴别方法：主要是观察门子的周围有没有黏合痕迹，比如，看门子的边缘和主体部分的结合是不是紧密。如果门子是真的，它和下面的主体部分是一体的，完全没有缝隙，结合很自然。而粘贴的门子和主体之间有缝隙，很宽、很明显，如果用放大镜和强光手电看，会更明显。

图 12-14　贴片门子

二 镶块

这种方法和贴片很像，区别是：它是把一块比较小但质量比较好的翡翠，粘贴到一块比较大但质量比较差的原石上面，然后在那块质量较好的翡翠上开门子。

对这种假门的鉴别方法和贴片门子类似，区别是：需要观察镶块（也就是小翡翠）的粘贴痕迹。由于这种方法的隐蔽性更强，所以鉴别难度更大。

三 染色

有的翡翠原石，货主开了门子后，发现没有绿色，于是就给门子进行染色，如图 12-15 所示。

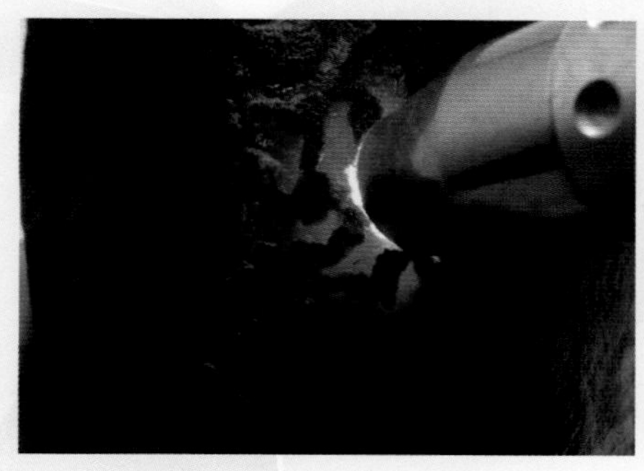

图 12-15 染色门子

鉴别染色门子的方法和鉴别皮壳染色一样。

（1）看门子各个位置的颜色是否相同，如果相同，说明可能是染色的。

（2）用放大镜和强光手电，观察凹坑和缝隙的颜色，看它们的颜色是否比周围的颜色浓，如果是，说明可能是染色的。

（3）用湿纸巾、湿棉球等擦拭，蘸酒精擦拭效果会更好，如果能擦拭下颜色，说明是染色的。

四 灌色

有的翡翠原石，开了门子后，发现没有绿色。于是，有人从门子的旁边或背面向门子的位置钻一个孔，距离门子比较近时停下来，然后往里面灌一些绿色的颜料，最后，再把孔口密封好。买家看门子时，会发现门子的里面是绿色的，如图 12-16 所示。

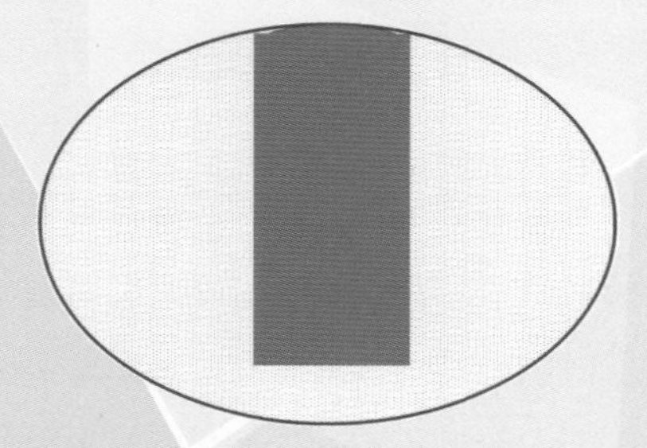

图 12-16 灌色门子

对买家来说，这种方法不容易想

到，所以很难防备。

常用的鉴别方法有以下几种。

（1）看门子的颜色。如果各个位置的颜色基本相同，说明可能是假的。

（2）看门子里面有没有气泡。往孔里灌的颜料，在干燥、固化后，经常会产生一些气泡，所以，如果能看到气泡，说明可能是假的。

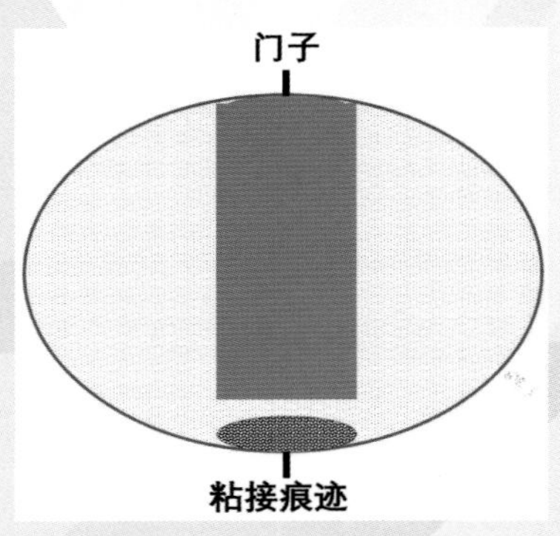

图 12-17　粘接痕迹

（3）寻找石头表面有没有黏合痕迹或结合缝。需要注意的是，这种作假方法的黏合痕迹或结合缝一般距离门子很远，在门子的旁边或者背面，需要认真检查，如图 12-17 所示。

第4节 假心

假心也可以叫假肉，是指有的翡翠原石的外壳是真的，但内部的心或肉是假的。

做假心的方法主要有下面几种。

一 假心换真心

有的翡翠原石的品质很好，有人把它的中心部分取出来，把外壳留下，然后往外壳里面填充石英粉、铁粉、铅粉等，再密封起来，如图 12-18 所示。

图 12-18 假心

也有人对一些品质较差的翡翠原石用这种办法，包括有的原石开门子后，发现里面没有绿色，就把里面的心取出来，换成假心。

这种作假的原石，对买家的迷惑性很大，因为它们看起来很逼真，而且感觉越往内部，颜色越深。

对于这种作假的鉴别，常用的方法有以下几种。

（1）检查比重。比如用手掂量，如果感觉特别轻或特别重，说明很有可能是假心。

（2）检查外壳，看有没有粘接缝等痕迹。

二 假水头

有的翡翠原石，绿色太深，显得发黑、发暗，而且使水头比较差。人们经常把它的内部挖空，有时候，完全不填充任何物质，有时候会填充一些透明的材料，如玻璃、树脂等。

经过这样处理后，外面的光线很容易穿透进入原石内部，原石的水头会显得比较好。在翡翠行业里，人们常把这种方法叫挖空增透，如图 12-19 所示。

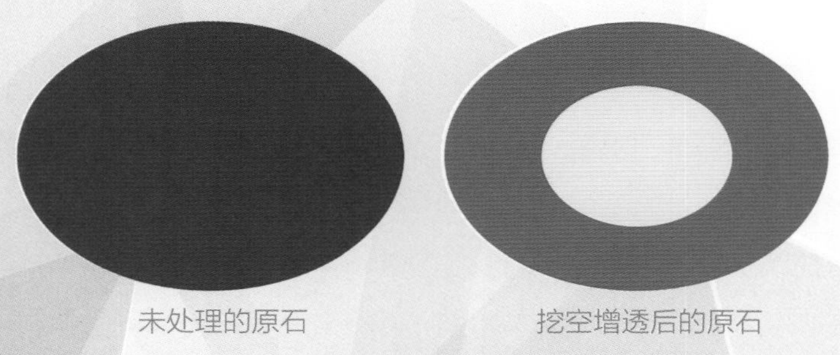

图 12-19　挖空增透

鉴别这种原石，常用的方法有以下几种。

（1）测试密度。

如果这种原石不填充其他材料，或填充树脂，它的密度会比正常的原石低。

（2）仔细检查表皮的各个部分，看有没有粘接缝，或者各个部分的颜色、颗粒度等是否有较大的差别。如果有的位置和其他位置差别较大，这个位置可能是粘接上去的。

第5节 假身

假身也叫假料，是指整块原石是假的。常见的作假方法有下面几种。

一 切垮的原石复原

有的原石切开后，发现不是翡翠，或者质量很差，也就是切垮了。有时候，人们会把切开的两半石头重新黏合起来，如图 12-20 所示。有的还埋进土里，在周围放酸、碱等腐蚀性物质，模仿自然风化作用，埋一段时间后，石头的表面会形成一层新的皮壳。

鉴别这种石头，常用的方法是：用水把表面洗干净，然后观察表面有没有结合缝的痕迹。因为即使进行了模拟自然风化作用，两半石头的结合处和周围的皮壳还是不一样，有结合缝的痕迹。

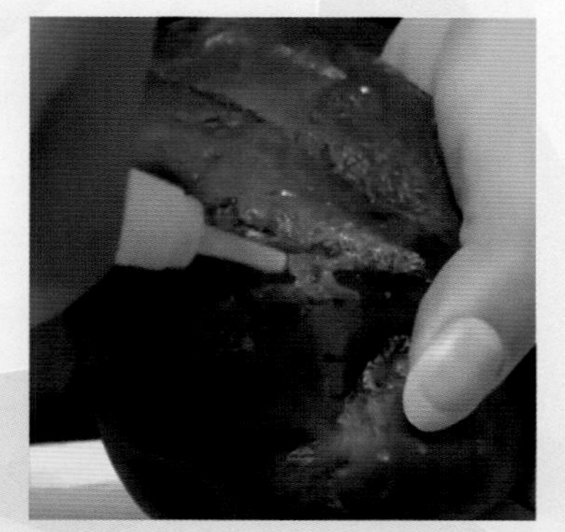

图 12-20　切垮的原石复原

二 假老坑料

前面介绍过，老坑料里出产高品质翡翠的概率比新坑料大。另外，老坑料的形状多数是鹅卵石的形状，新坑料的形状棱角比较分明。所以，有人对新坑料进行了一些处理，冒充老坑料。

常用的一种方法是：对新坑料进行打磨。有时候用专门的机器进行打磨。最后，把新坑料的棱角磨掉，变成鹅卵石的形状。有时，还会对表面再进行一些处理，比如粘一些泥土，或者染色，甚至有时候，还在

图 12-21　假老坑料

绿色的位置开门子，如图 12-21 所示。

对这种原石的鉴别方法主要是：用水把表面清洗干净，然后检查皮壳的新鲜程度。如果看着很新鲜，说明可能是假的。

三 假冒翡翠原石

有人用碧玉、岫玉、独山玉、东陵玉等其他品种的玉石原石、普通石头甚至绿玻璃、绿塑料等假冒翡翠原石。有时候，会把普通石头染成绿色，有时候，还会使用从河底挖出的石头，这种石头的表面经常沾一些水草，所以表面发绿。

图 12-22 所示是用东陵玉原石假冒的翡翠原石。还有人在东陵玉原石的表面做了假皮，冒充翡翠原石，如图 12-23 所示。

图 12-22　东陵玉原石

图 12-23　做假皮的东陵玉原石

这种假冒的产品如果单独销售，容易引起买家的警觉，很容易被发现。有人把它们混在真正的翡翠原石里销售，因而很难被发现。

鉴别这种产品，人们常用的方法有以下两种。

（1）用水清洗表面，观察皮壳的颜色、颗粒度等，看是否和一般的翡翠原石接近。如果看着有异样，就要提高警惕了。

（2）检测密度。一般情况下，绿玻璃、绿塑料的密度比翡翠原石小，很多时候，在手里掂量几下就可以感觉出来。

四 夹层石

夹层石有多种，其中一种是：在一块质量很差的砖头料的上面贴一片绿塑料或绿玻璃，在绿塑料或绿玻璃的上面再贴一片水头比较好的翡翠薄片，如图 12-24 所示。

这种产品的迷惑性很强，因为它的最上面和最下面的主体都是真正的翡翠。

鉴别这种产品的方法主要有以下两种。

（1）观察颜色是否自然。

（2）检查表面有没有粘贴缝的痕迹。

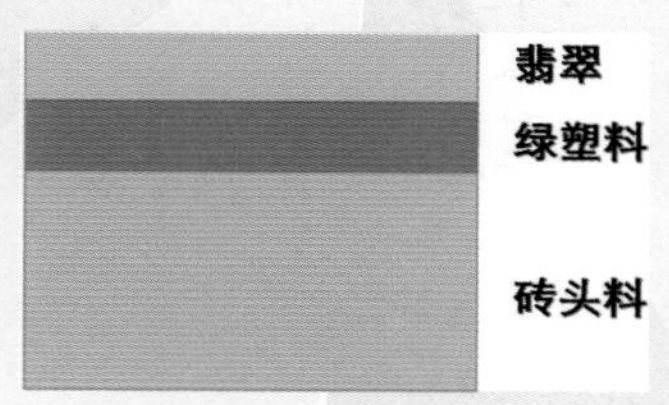

图 12-24 夹层石

五 酸洗原石

有人对翡翠原石进行酸洗处理。比如，把原石在硫酸里浸泡一段时间，原石里的一些杂质会受到硫酸的腐蚀而溶解，原石的水头会变好。有时候，进行酸洗的同时还可以进行染色，原石的颜色也会更好。

鉴别这种产品的方法主要有以下两种。

（1）观察原石的结构。这种原石由于受到了硫酸等物质的腐蚀，所以表面有很多小坑、小洞、沟槽或互相交错的裂纹。如果用强光手电照射，会看得更清晰。

（2）看原石的颜色。这种产品在硫酸里浸泡后，经常会进行充胶处理，就是用有机胶填充硫酸腐蚀产生的孔、洞。充胶后，原石的颜色会发白，尤其是明料，这种现象更明显。

第13章

翡翠成品的作假方法

受经济利益的驱使，一些人经常制作假冒伪劣的翡翠成品，严重损害了广大消费者的利益。翡翠成品的作假方法有很多种，本章介绍其中常见的几种，了解了这些方法，我们可以更好地对翡翠成品进行鉴别，如图 13-1 所示。

图 13-1　伪劣的翡翠手镯

第1节

翡翠的 A 货和 B 货

平时，我们经常听到翡翠的 A 货、B 货、C 货这样的说法，它们分别代表真翡翠和假翡翠。

一 A 货翡翠

A 货翡翠就是真翡翠，或天然翡翠，没有作假。

关于这个名字的来源，资料里有两种说法：第一种是 A 表示英文单词 Actual or natural jade 的首字母；第二种是 A 表示英文单词 Allowing 的首字母。

关于 A 货翡翠，有一个比较有趣的问题，可能很多人会说：A 货翡翠的质量一定好吗？价格一定贵吗？

一般人会觉得 A 货翡翠既然是真的，那它的质量一定会好，价钱也一定贵。

其实，并不一定。

因为前面我们提过多次：天然翡翠的质量参差不齐——有的很好，种、水、色都很好。但是，有的天然翡翠的质量并不好，种、水、色都比较差。而且，从比例上来说，质量好的天然翡翠占的比例并不大，比如玻璃种、冰种的翡翠很少。而质量差的天然翡翠却很常见，比如豆种，甚至砖头料，到处可见。

与此相同，A 货翡翠的价格也不一定贵。这取决于它的质量，质量好的 A 货翡翠自然很贵，而质量差的 A 货翡翠很便宜。

二 B 货翡翠

1. 什么是 B 货翡翠

图 13-2 B 货翡翠

B 货翡翠是指经过人工漂白处理的翡翠。在翡翠行业里，人们也常把 B 货翡翠叫漂白货，如图 13-2 所示。

这个名字也是来源于英文单词：一种说法是，B 代表 bathe（冲洗）的首字母；另一种说法是，B 代表 bleach（漂洗）的首字母。

2. B 货翡翠的由来

B 货翡翠是怎么出现的呢?

我们知道，很多天然翡翠都有一些瑕疵和杂质，比如一些颜色很难看的斑点、斑块等，这使得翡翠的颜色、水头、纯净度都会很差，不容易卖，或者卖不出好价钱，如图 13-3 所示。

图 13-3 劣质翡翠原料

所以，货主就经常对这种翡翠进行处理，去除里面的杂质。这就是 B 货翡翠的由来。

3. B 货翡翠的加工方法

B 货翡翠的加工，包括以下步骤。

（1）选料。加工 B 货翡翠，一般选择杂质多、看着比较脏、水头差的翡翠原石，如图 13-4 所示。

（2）粗加工。选好原料后，先对它们进行粗加工——先把原石切割成板料或片料，然后加工成半成品，比如手镯、挂件的粗坯。最后，用铁丝把粗坯缠起来，如图 13-5 所示。

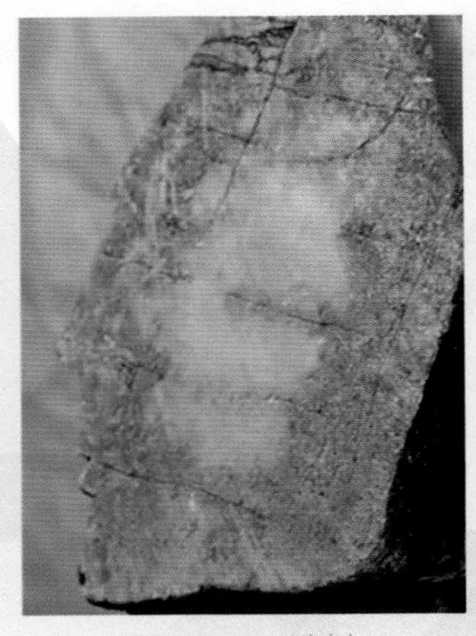
图 13-4　选料

图 13-5　手镯粗坯

粗加工的目的是为了方便后续的工序。

（3）酸洗漂白。把翡翠半成品放入强酸溶液中，浸泡一段时间，如图 13-6 所示。

使用的酸有多种，比如盐酸、硫酸、硝酸等。浸泡时间可以达十几天。

翡翠里的杂质受到强酸的腐蚀，会发生溶解，从而达到去除杂质的目的，这一步叫酸洗漂白。

图 13-6　酸洗漂白

经过酸洗后，翡翠的水头、纯净度都会得到提高。而且，翡翠的颜色也会显得更纯正，光泽也会变强。

为了加快酸洗漂白的速度和效果，人们经常对强酸溶液进行加热，也就是在强酸溶液里“煮”翡翠，这样可以节省时间，而且去除杂质更彻底。

（4）碱洗。酸洗漂白后，人们还经常进行碱洗——就是把翡翠半成品再放到强碱溶液里，浸泡一段时间，如图 13-7 所示。

图 13-7　碱洗

碱洗的目的是使翡翠半成品的内部有更多、更大的小孔。因为强碱也能腐蚀翡翠，使里面的一些成分发生溶解。

另外，碱洗可以中和翡翠里残留的强酸。

碱洗一般使用氢氧化钠溶液。为了提高碱洗的速度和效果，也经常进行加热。

酸洗和碱洗都是依靠酸或碱和翡翠里的成分发生化学反应。强酸溶液和强碱溶液需要逐渐向翡翠内部渗透。所以，酸洗和碱洗都需要比较长的时间。前面提到的粗加工，主要的目的就是为了方便酸洗和碱洗。经过粗加工，人们把比较厚的原石加工成比较薄的半成品，可以大大地节省酸洗和碱洗的时间。如果对一整块原石进行酸洗和碱洗，需要的时间会大大增加。

而且，还容易发生这样的情况：原石的表面的杂质和有益的成分可能都溶解而消失了——“玉石俱溶”，但是里面的杂质却还没有溶解！

另外，前面提到：把翡翠原石加工成半成品比如手镯坯料后，经常在上面缠铁丝。为什么要缠铁丝呢？

这是因为经过酸洗和碱洗后，翡翠内部产生了很多孔隙，像海绵一样，图 13-8 所示是用显微镜观察到的翡翠的结构。所以，这时候翡翠的结构很疏松，很不结实、牢固，特别脆弱，稍微一碰就容易发生断裂或破碎。所以，人们在酸洗之前就先用铁丝把它们缠起来，起到加固的作用。

碱洗完成后，用清水清洗翡翠，把里面残余的酸、碱溶液以及溶解下来的化学成分、小块、粉末等清洗干净。

（5）注胶（也叫充胶）。上面提到，经过酸洗和碱洗后，翡翠半成品里有很多孔洞，导致翡翠的结构很疏松，特别脆弱。而事先缠的铁丝最终是要去除的，因此，就需要提高翡翠半成品的牢固程度。人们使用的方法就是注胶，也就是向翡翠的孔洞里填充有机胶，胶的黏性很强，可以把翡翠的各部分黏结在一起，从而使翡翠变得很坚固，如图 13-9 所示。

图 13-8 翡翠酸洗和碱洗后的结构

注胶的方法有很多种：我们最容易想到的方法，就是把翡翠浸入有机胶中，让胶慢慢地流到翡翠内部。但是大家知道，胶特别黏，如果让它自己往翡翠里流，速度会特别慢，需要的时间就会很长，效率很低，另外，翡翠内部的很多孔洞都填不满。

图 13-9 注胶

为了克服这种方法的缺点，在翡翠加工厂里，人们一般采用一种专门的设备进行注胶，这种设备叫注胶机。它使用的方法叫真空负压注胶法，具体步骤如下。

先把翡翠放进注胶机的容器里。

然后，把容器抽成真空，翡翠内部孔洞里的空气都被抽走了。

最后向翡翠内部注胶。注胶的速度就会很快，而且注胶的效果很好，胶可以填充所有的孔洞。

胶的种类有很多，以前经常用有机物，如环氧树脂、聚苯乙烯等，近期，开始用无机物，如水玻璃、有机硅（也就是硅胶）等。

如果翡翠只进行酸洗，不进行碱洗，里面的孔洞会比较少，尺寸也比较小，注胶时会比较困难，需要的时间长，而且有的孔洞胶注不进去。所以，为了提高注胶的效果，人们经常再进行碱洗，以增加孔洞的数量、增大孔洞的尺寸。

（6）胶的固化。注胶完成后，需要等胶发生固化，才能达到强化翡翠的作用。

胶的固化需要一定的时间，而且这个过程和温度有关：多数情况下，温度越高，固化的速度越快；固化的程度就越彻底。

图 13-10　最终的 B 货翡翠

所以，注完胶后，人们一般先把翡翠放置一段时间，先让胶自己固化。等胶半干时，再把翡翠放进烤箱里，进行加热，让胶完全固化。

（7）打磨、抛光。最后，把翡翠半成品上面的铁丝拆掉，对半成品进行打磨、抛光，就得到了最终的 B 货翡翠，如图 13-10 所示。

三 B 货翡翠的本质

可以看到，B 货翡翠的外观很漂亮——纯净、通透、光亮，水头足，颜色纯正，光泽强，而且内部没有裂纹（裂纹被胶充填了）。

但是，B 货翡翠有下面几个缺点。

（1）它的上述优点不是天然的，而是通过人工方法制造的，也就是假的。

从上面介绍的 B 货的加工方法可以看到，翡翠自身的化学组成和内部结构都被人为地改变了，所以，净度、水头都是假的。

（2）它的内部充填了胶，这些胶多数是有机物，耐久性不好，时间长了会发生氧化、老化，即变质。那时翡翠的外观会变差，比如颜色变黄、水头变差、光泽变暗，出现很多裂纹。

（3）胶的硬度比较低，所以 B 货翡翠容易发生磨损，表面经常起毛，变得不光滑，这也会使它的光泽变暗、水头变差。

（4）有的 B 货翡翠，清洗不彻底，里面可能含有少量的酸、碱，它们和胶都对人体有危害，如果长期佩戴，会刺激皮肤，比如皮肤会发痒、疼痛、长斑点、发生红肿等，从而影响健康。

第2节 C 货翡翠

C 货翡翠是指人工致色的翡翠。也就是说，这种翡翠的颜色是人工形成的，因而是假的。

它的名字来源于英文单词 Color 的首字母。

C 货翡翠的加工方法比较多，常见的有下面几种。

一 染色

染色就是把翡翠在染料溶液里浸泡一段时间，从而染上颜色。这是一种很古老的造假方法，也是最常用的一种作假方法，使用非常普遍，既可以用于翡翠原石（前面介绍过），也可以用于翡翠成品。在翡翠行业里，人们也常把染色叫炝色。

染色主要包括下面几个步骤。

（1）选料。选择颜色比较差的原料，比如灰白色的，或者颜色很浅的。

（2）粗加工。把原料切割成板料或片料，然后加工成半成品，如图 13-11 所示。

（3）染色。把翡翠半成品放入染料溶液中，浸泡一段时间（一般是两三个星期，有的时间更长）。有时候，在浸泡之前，人们也常把翡翠半成品放入烤箱中加热，

图 13-11　粗加工

让内部的孔隙数量增加、尺寸变大，这样染色的效果更好。翡翠的人工染色，如图 13-12 所示。

染色使用的染料有很多种，包括有机染料和无机染料。常用的有机染料是苯胺，无机染料有铬酸盐、硝酸亚铁盐、锰盐、铜盐等。总的来说，有机染料的稳定性较差，容易褪色或变色，尤其是加热时更容易这样；而无机染料比较稳定，不容易变色。

（4）烘干。染色完成后，把翡翠取出来，进行烘干。

（5）打磨、抛光、上蜡。对翡翠半成品进行打磨、抛光、上蜡，得到最终的成品，如图 13-13 所示。

图 13-12　染色

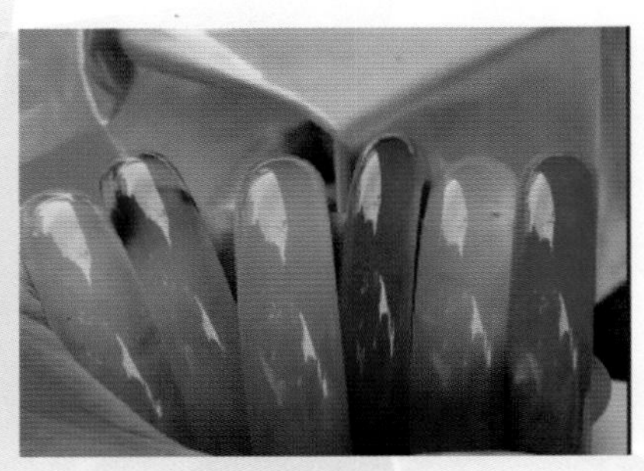
图 13-13　C 货翡翠

染色 C 货翡翠的颜色一般不稳定，耐久性差，在光照、高温等作用下，佩戴时间长了之后，染料容易变质，所以颜色会变淡或变色，比如发黄、发黑等，而且染料本身也会危害人体健康。

二 其他方法

1. 涂层、贴箔、镀膜

涂层就是在翡翠表面刷一层绿色或其他颜色的涂料。贴箔是在翡翠的表面贴一层很薄的箔，有的是绿色，有的是其他颜色。镀膜是在翡翠表面镀一层绿色的薄膜。

有的在翡翠背面垫一层锡纸，有的锡纸上还染了颜色，比如刷一层绿色荧光涂料，从背面镶嵌后，会使翡翠的颜色和水头都显得更好，且不容易发现，如图 13-14 和图 13-15 所示。

有的翡翠有瑕疵，比如裂纹、斑点等，有人在它们上面覆盖一层涂层，常用的一种叫描金贴，如图 13-16 所示。

翡翠的本来面貌

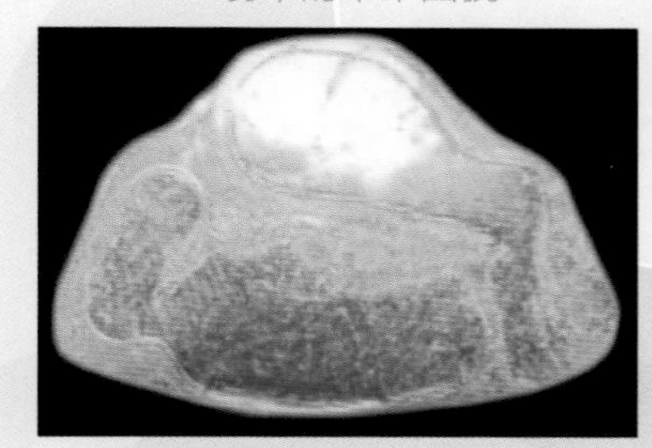

刷了绿色荧光涂料的锡纸

镶嵌后的面貌

图 13-14　背面垫有带涂料的锡纸的翡翠

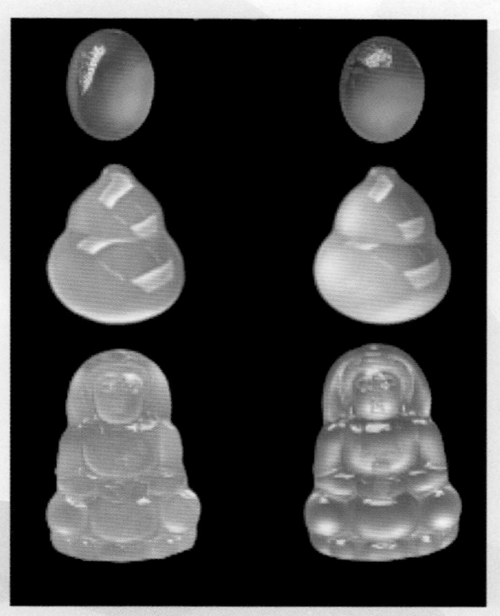

原来的翡翠　　垫锡纸后

图 13-15　背面垫锡纸的翡翠

图 13-16　手镯上的描金贴

2. 激光致色

这种方法是使用激光，在翡翠表面打一些小孔，然后进行染色，最后再用胶把小孔的口密封好，如图 13-17 所示。

用这种方法制造的翡翠，颜色在内部，让人感觉很好。

另外，用激光打的孔尺寸很小，很难发现。有人为了进一步掩盖作假的痕迹，并不在翡翠的正面打孔，而是在背面或侧面打孔，这样就更难发现了，如图 13-18 所示。

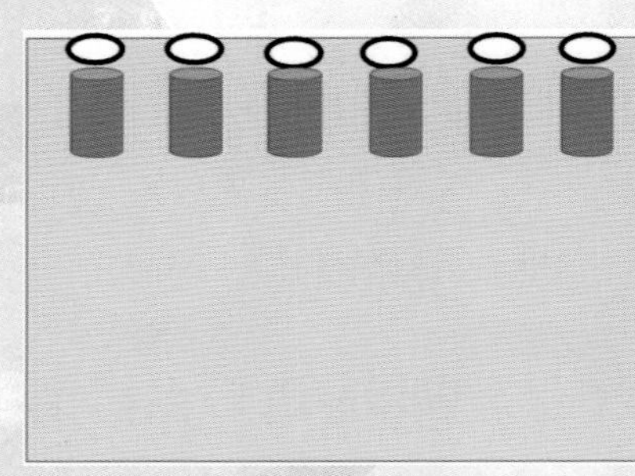

图 13-17　激光打孔致色

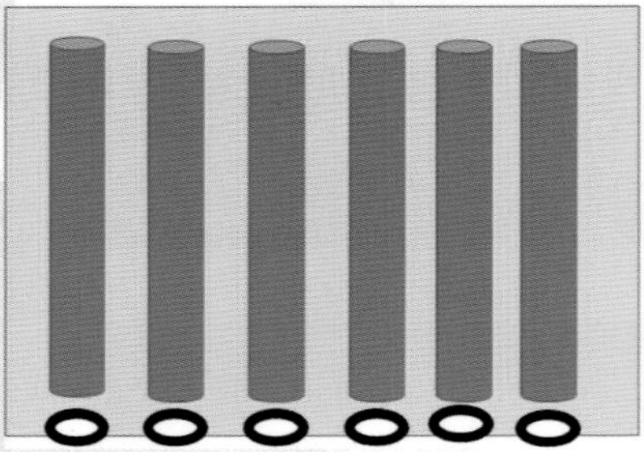

图 13-18　激光背面打孔致色

3. 辐照改色

这种方法是用高能射线（如 γ 射线等）轰击翡翠，使翡翠具有颜色。

4. 热处理

这种方法是通过对翡翠进行加热，使它具有一定的颜色。在翡翠行业里，也把这种方法叫焗色。

这种方法主要可以使翡翠产生鲜艳的红色。它一般需要使用黄色、褐色或棕色的翡翠作为原料，把它们放进热处理炉中，加热到一定的温度后，翡翠里含有的二价铁离子就会被氧化成三价铁离子，翡翠就会成为红色，这种叫烧红的红翡，如图 13-19 所示。

三 B+C 货翡翠

图 13-19　烧红的红翡

在市场里，还有一种翡翠，叫 B+C 货。这种翡翠同时进行了酸洗和改色处理。

B+C 货翡翠具体的加工方法有多种：有的是先酸洗，然后染色，最后注入无色的胶。有的是先酸洗，然后直接注入有色胶。还有的是先酸洗，再注无色胶，最后进行辐照改色。

图 13-20 所示是酸洗后染色和注无色胶的步骤。

酸洗后染色

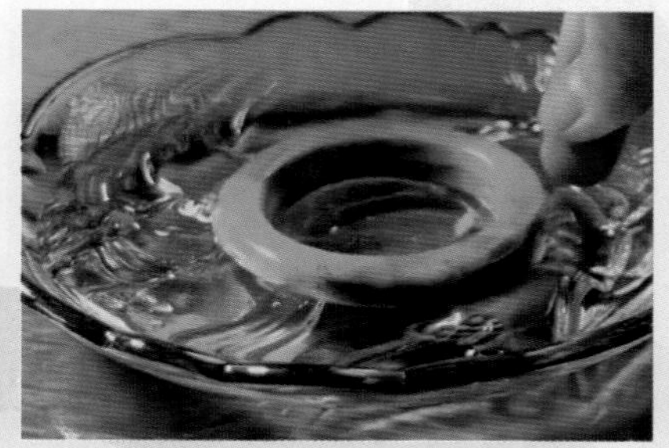
注胶

图 13-20　B+C 货翡翠的制作

D 货翡翠

在市场里，有人用其他品种的玉石或其他材料假冒翡翠。人们经常把这些假冒的产品叫 D 货翡翠。

常见的 D 货翡翠有以下品种。

一 和翡翠相似的玉石

和翡翠相似的玉石有很多种，常见的有以下几种。

1. 碧玉

碧玉是和田玉的一个品种，也可以说就是绿色的和田玉，即和田碧玉。

我国新疆的玛纳斯县盛产碧玉，那里的碧玉也叫“玛纳斯碧玉”或“天山碧玉”，此外，俄罗斯、加拿大等国也出产碧玉。

碧玉的颜色和翡翠很像，如图 13-21 所示。

2. 绿色的岫玉

岫玉也叫岫岩玉，产于我国辽宁省岫岩县。岫玉的颜色有多种，其中，绿色的岫玉和翡翠比较像，如图 13-22 所示。

图 13-21　碧玉

图 13-22　岫玉

3. 绿玉髓

玉髓的化学成分和玛瑙基本相同，有多种颜色。其中，绿色的玉髓看起来和翡翠很像，如图 13-23 所示。

4. 独山玉

独山玉也叫独玉，产于河南南阳的独山，所以也叫“南阳玉”。独山玉的颜色有很多种。其中，绿色的独山玉和翡翠很像，如图 13-24 所示。

图 13-23　绿玉髓

图 13-24　绿色独山玉

5. 青海翠玉

青海翠玉产于青海祁连山，如图 13-25 所示。

6. 密玉

密玉产于河南省新密市，如图 13-26 所示。

图 13-25　青海翠玉

图 13-26　密玉

7. 东陵玉

东陵玉也叫东陵石，印度、巴西的产量比较大，我国的新疆、云南等地也有产出。东陵玉的颜色有多种，其中绿色的东陵玉如图 13-27 所示。

8. 澳洲玉

澳洲玉也叫澳玉、澳绿宝，产于澳大利亚，实际上，它是一种绿玉髓，如图 13-28 所示。

图 13-27　东陵玉

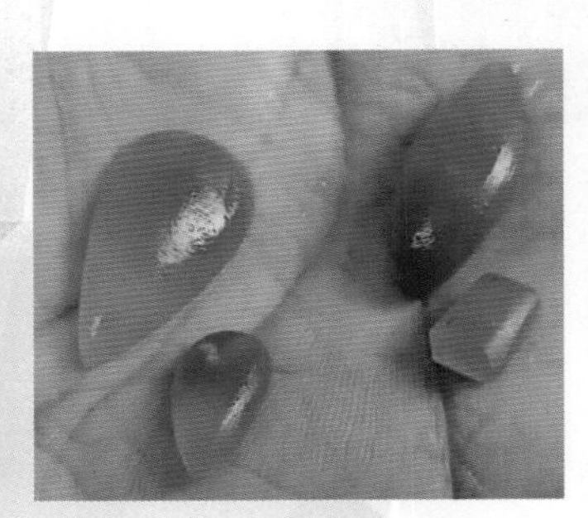

图 13-28　澳洲玉

9. “水沫子”

“水沫子”也叫“水沫玉”，它的化学成分是 $NaAlSi_3O_8$，矿物名称叫钠长石，所以人们也把这种玉叫钠长石玉。

图 13-29　水沫子

“水沫子”是翡翠的伴生矿物，人们认为，翡翠就是由“水沫子”发生分解形成的。在开采翡翠原石时，经常可以看到“水沫子”和翡翠连在一起，你中有我，我中有你。

因此，“水沫子”的化学成分、显微结构、颜色、水头以及很多其他的性质和翡翠都很接近，如图 13-29 所示。

“水沫子”的内部有很多微小的气泡，看起来就像激起的水花或水沫一样，所以人们把它叫作“水沫子”。

10. 冰翠——绿色的天然玻璃

市场上有一种产品叫冰翠，实际上，它是一种绿色的天然玻璃，如图 13-30 所示。

图 13-30　绿色的天然玻璃

天然玻璃是在自然环境中产生的玻璃，主要有两种：一种是火山喷发的岩浆冷却后形成的，这种天然玻璃也叫火山玻璃。另一种是来自于其他星球，也就是陨石，这种天然玻璃也叫玻璃陨石。

二 用白玉染色

有人用白色的玉石染色后，冒充翡翠。比如我国青海、俄罗斯、加拿大、韩国出产的白玉，白色的玉髓、玛瑙、岫玉、独山玉等。市场上常见的是染色石英岩，如图 13-31 所示。

图 13-31　染色石英岩玉

三 普通材料

也有人用一些普通材料假冒翡翠，常见的有下面几种。

1. 石头染色

比如染色大理石。人们先把石料进行切割，加工成手镯、吊牌等产品的粗坯，然后进行酸洗、注胶、染色、打磨、抛光，得到的产品可以以假乱真。

2. 绿色玻璃

绿色玻璃假冒翡翠，如图 13-32 所示。

图 13-32 绿色玻璃假冒翡翠

前面提过，人们常把天然玻璃假冒的翡翠叫冰翠。也有很多人把普通玻璃假冒的翡翠叫冰翠。

3. 绿色树脂

绿色树脂常见的是绿色塑料，如图 13-33 所示。

4. 贴片翡翠

这种产品是在其他玉石甚至普通的石头、玻璃、塑料等表面贴一层天然翡翠薄片。

5. 马来玉

马来玉也叫马来西亚玉，它并不是天然形成的玉石，而是一种人造的石英玻璃，它是对石英加热，让它熔化，然后加入染料，冷却后形成的，颜色和翡翠很像。

马来玉的名字里虽然有马来西亚，但是它和马来西亚并没有关系，并不是产于马来西亚，它出现于 20 世纪 80 年代，在泰国、缅甸以及我国的云南比较流行，如图 13-34 所示。

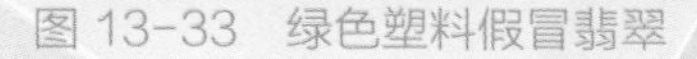

图 13-33　绿色塑料假冒翡翠

图 13-34　马来玉

四　黏合翡翠、再造翡翠、合成翡翠

黏合翡翠是指把一些翡翠的下脚料，如碎块、粉末等，用胶粘接在一起。

再造翡翠也叫熔合翡翠，是指把翡翠的下脚料，如碎块、粉末等加热到高温，让它们熔化，然后冷却，得到新的翡翠。

合成翡翠是根据天然翡翠的化学组成，用人工方法模拟它的形成条件，制造翡翠。研究表明，天然翡翠是在低温、高压条件下形成的，形成温度一般是 200℃ ~300℃，但是压力特别大——达到 10000 个大气压左右。美国通用电气（GE）公司等单位曾研制过合成翡翠。

五 危料和永楚料

1. 危料

危料也叫危地马拉料，它是产于危地马拉的翡翠。这种料的颜色发闷，多数是油绿色或蓝绿色，水头也不好，如图 13-35 所示。

但是，有的危料品质很好，如图 13-36 所示。

图 13-35　危料

图 13-36　高品质的危料

为了改善颜色和水头，人们经常把危料加工得特别薄，最薄的位置甚至还不到 1 毫米，好像鸡蛋壳一样，所以，在翡翠行业里，人们也把这种产品叫“鸡蛋壳”。减薄后，危料的水头就很好了，颜色也很鲜艳，看着和蓝水种翡翠很像。

危料也是天然翡翠，但是水头和颜色都是通过减薄获得的。由于特别薄，所以，它的价值有限，而且容易发生破坏，被压碎、碰碎。有时候，有的商家宣传它是老蓝水翡翠，售价远远超过其实际价值。

2. 永楚料

永楚是缅甸一个翡翠场口的名字，也叫“雍曲”。这里出产的翡翠，颜色比较深，而且经常带一些黑色的斑点或棉，因此水头不好，显得发黑，如图 13-37 所示。

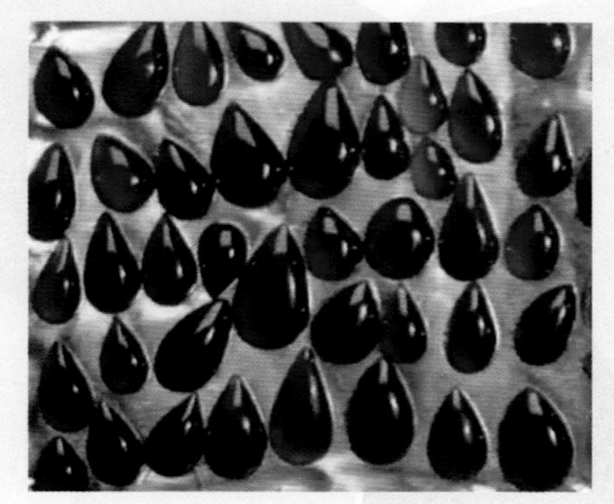

图 13-37　永楚料

为了避免它的缺点，人们经常把永楚料加工得很薄，厚度一般只有 2~3 毫米，这样，它的水头就会显得比较好，而且颜色也显得很鲜艳。

永楚料也是天然翡翠，但是由于它的水头和颜色是通过减薄获得的，而且经常通过镶嵌不让别人看到它的厚度，有人甚至宣称它是帝王绿翡翠，从而获得不正当利益。所以，从这个角度来说，它属于 D 货翡翠。

第14章

成品作假的鉴别方法

翡翠作假会给消费者带来经济损失和感情伤害，有时候还会危害人体健康。在这一章，我们介绍常用的鉴别翡翠成品假货的方法，如图 14-1 所示。

图 14-1　翡翠鉴定

鉴别原理

翡翠的鉴别原理很简单。前面我们介绍了翡翠的化学组成、显微结构和典型的性质，这三点可以叫作翡翠的三个要素。

假翡翠和真翡翠的这三个要素不一样。通过一定的办法，把需要鉴别的样品的三个要素测出来，然后和真翡翠的三个要素进行对比，两者越接近，说明样品越有可能是“真”的；否则，相差越多、越大，就说明样品越有可能是假的。

第2节 鉴别方法和仪器

大家可以看到，翡翠的鉴别原理不难。那为什么很多普通消费者自己不会鉴别呢？主要有三个原因：第一，普通消费者不了解真翡翠的三个要素；第二，普通消费者不能测出样品的三个要素；第三，很多假翡翠的三个要素和真翡翠的相差不明显，普通消费者分辨不出来。

在前面的章节中，我们介绍了真翡翠的三个要素。在这一部分，我们介绍测试样品三个要素的一些方法。

一 经验法

经验法是鉴定者利用自己的感官，凭借经验，了解样品的三个要素。经常有下面几种具体方法。

1. 眼法

眼法就是用肉眼观察样品，包括颜色、光泽、透明度、瑕疵等。

另外，人们还经常通过观察价格进行鉴别：常言说，“便宜没好货”“一分钱，一分货”。很多时候，如果有的产品看着很漂亮，品质很好，但如果价格特别低，比如，网上有人宣称，自己的帝王绿只卖几千元。这样的产品很可能是假的。

2. 手法

手法就是用手抚摸、掂量样品。

抚摸样品可以了解它的表面的粗糙程度，还可以了解它的导热性。比如，如果抚摸真翡翠，会感觉它很凉，因为它的导热性比较好；而用玻璃、石头、塑料假冒的翡翠，抚摸时会感觉是温的，因为它们的导热性不好。

用手掂量样品，可以了解它的比重或密度。真翡翠的比重比很多假冒产品要重。

3. 耳法

耳法是指听声音。如果轻轻敲击样品，可以了解它的显微结构。真翡翠敲击时，发出的声音比较悦耳、悠扬，有较长的回音；而很多假翡翠的声音发闷，回音很短。

二 简单工具法

经验法的优点是简单，速度快，成本低。如果样品和真翡翠的差别比较大，可以用经验法鉴别出来。比如，用岫玉、碧玉等假冒翡翠，很容易就通过观察颜色鉴别出来；用塑料假冒的翡翠，可以用手掂量出来。

但是，我们也知道，在很多时候，人的感觉器官的灵敏度比较低，对一些造假技术特别高的假货，无法用经验法鉴别出来。比如，用绿玻璃假冒的翡翠，用经验法很难鉴别出来。所以，经验法的缺点是准确性较低，可靠性差。

为了克服经验法的缺点，人们经常使用一些简单的工具进行鉴别，常用的有宝石放大镜、聚光手电等。

1. 宝石放大镜

宝石放大镜（见图 14-2）的作用大家都理解，不需要过多解释。

2. 聚光手电

聚光手电（见图 14-3）可以发射特别亮的光线，能帮助人们进行更好地观察。

我们普通消费者主要是利用上面两种方法进行鉴别。

图 14-2　宝石放大镜

图 14-3　聚光手电筒

三 专业仪器法

很多时候，简单工具也难以测量样品的三个要素，所以人们经常使用一些专业鉴定仪器。这些仪器的价格比较贵，而且需要专业知识和技能，普通消费者很少使用，基本是专业鉴定机构的专业人员使用。

常用的仪器有下面一些。

1. 宝石显微镜

显微镜的放大倍数比放大镜的放大倍数更大，所以更便于进行观察，如图 14-4 所示。

2. 折射仪

折射仪可以测试样品的折射率等性质，如图 14-5 所示。

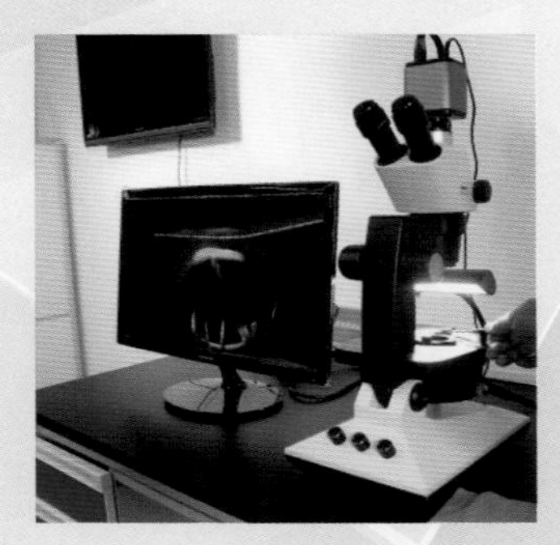
图 14-4　宝石显微镜

图 14-5　折射仪

3. 偏光镜

偏光镜可以测试样品的光性和多色性等性质，如图 14-6 所示。

4. 二色镜

二色镜可以检测样品的多色性等性质，如图 14-7 所示。

5. 分光镜

分光镜可以检测样品对太阳光的吸收光谱，真、假翡翠对不同波长的光线的吸收情况不一样，如图 14-8 所示。从光谱中可以看到，黑色线条（表示吸收）的位置、数量、宽度等不一样。

图 14-6　偏光镜

图 14-7　二色镜

图 14-8　分光镜

6. 查尔斯滤色镜

查尔斯滤色镜只能透过红色和部分黄绿色的光，其他的光线都会被吸收。在查尔斯滤色镜下面观察时，真翡翠不会变色，但染色的假翡翠会变成红色，如图 14-9 所示。

7. 紫外荧光仪

紫外荧光仪能发射紫外光。用它照射真翡翠时，翡翠不会发出荧光，一些假翡翠则会发出荧光，如图 14-10 所示。

8. 导热仪

导热仪可以测试样品的导热系数，如图 14-11 所示。

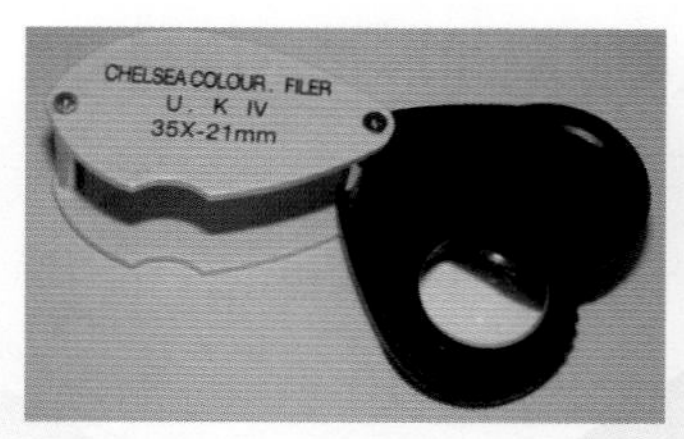

图 14-9　查尔斯滤色镜

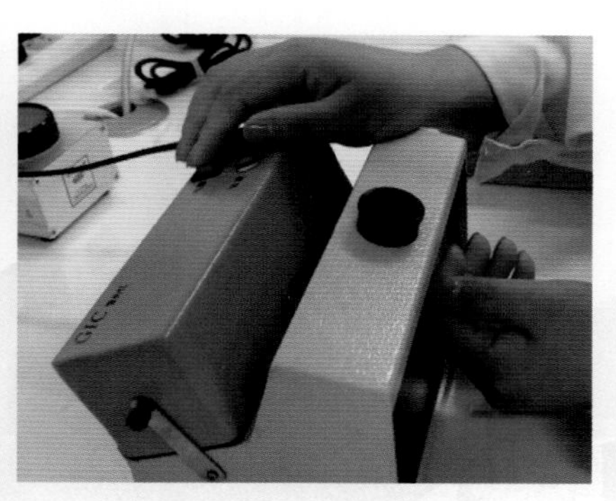

图 14-10　紫外荧光仪

图 14-11　导热仪

9．重液

重液是指由特定的试剂配制的溶液，可以测试样品的密度。

四 精密仪器法

近年来，为了进一步提高鉴定的准确性，专业鉴定者经常使用一些精密仪器，常见的有以下几种。

1. 电子显微镜

电子显微镜比普通显微镜的分辨率高、放大倍数高、景深长，可以更好地观察样品的微观结构，如图 14-12 所示。

2. 红外光谱仪

红外光谱仪可以测试样品的红外光谱。因为真、假翡翠对不同波长的红外光的吸收情况不同，得到的红外光谱的形状也不同，如图 14-13 所示。

3. 激光拉曼光谱仪

激光拉曼光谱仪可以测试样品的拉曼光谱。真、假翡翠的拉曼光谱的形状不同，如图 14-14 所示。

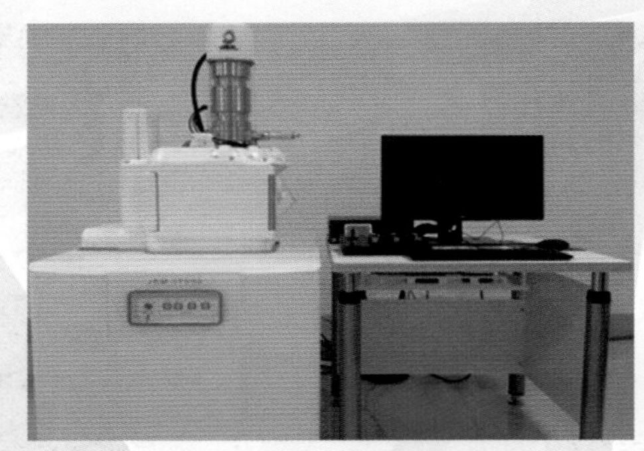

图 14-12　电子显微镜

图 14-13　红外光谱仪

图 14-14　激光拉曼光谱仪

第3节 鉴别的原则

如果我们学会了上一节的鉴定方法，就可以鉴别真、假翡翠了。

一 鉴定原则

进行珠宝鉴定时，需要遵循以下几条原则。

（1）尽量保证鉴定结果准确。

（2）在鉴定过程中，不能损坏样品。

（3）鉴定成本尽量低，包括资金成本和时间成本，也就是尽量做到花钱少、速度快。

二 鉴定策略

可以看出，在很多时候，这些原则不能同时兼顾。比如，要保证鉴定结果准确，就需要测试尽量多的项目，而且需要使用专业仪器甚至精密仪器。无疑，鉴定成本就比较高。反之，要想使鉴定成本低，就不容易保证鉴定结果的准确性。

为了尽可能同时遵循上面的原则，人们一般采用以下两种策略。

1. 根据样品的价格，选择鉴定方法

也就是说，对价格低的样品，首先考虑鉴定成本，对准确性要求不严格。因为这样的样品，即使鉴定结果不准确，造成的损失也不大。所以，这样的样品，一般用经验法和简单工具法就足够了。

而对价格比较高的样品，就要重点保证准确性了。因为如果结果不准确，造成的损失比较大。一般要综合采用多种方法，既使用经验法和简单工具法，也使用专业仪器以及精密仪器。

2. 鉴定顺序

采用多种方法进行鉴定时，需要按照合理的顺序进行。一般来说，按照先简单后复杂、先便宜后昂贵的顺序。即先用简单、便宜的方法，比如经验法、简单工具法，后采用复杂、昂贵的方法，如专业仪器法、精密仪器法等。

第4节 B 货翡翠的鉴别方法

一 观察法

1. 看价格

在市场上，有的翡翠看着品质很好——种、水、色都很好，但是价格却很低，有的手镯竟只有一两百元，说明很可能是假货。

2. 看颜色

（1）看整体的颜色。B 货翡翠整体上颜色发白，看着是乳白色。这是因为它进行了注胶处理，如图 14-15 所示。

图 14-15　B 货翡翠（看整体颜色）

（2）看颜色和底是否和谐。A 货翡翠的颜色和周围的底很和谐，看着很自然、舒服。

B 货翡翠的颜色和周围的底看着不和谐，绿色显得特别鲜艳，让人感觉比较突兀，和底的颜色界限分明，看着不自然、不舒服。

3. 看净度和水头

（1）看整体的净度和水头。A 货翡翠的净度普遍不完美，总是有一些杂质、斑点、纹等，所以，A 货翡翠的水头多数也不完美。而 B 货翡翠的净度比较完美，看着特别纯净，没有杂质，水头也比较好。

（2）看各个位置的净度和水头。A 货翡翠的净度和水头不均匀，就是有的地方很纯净，没有杂质，水头很好，而有的地方有杂质，看着比较脏，水头比较差。B 货翡翠的净度和水头都很均匀，各个位置的净度和水头基本一样，没有区别。产生这些情况的原因是 A 货翡翠是天然形成的；B 货翡翠是整体进行酸洗和注胶的，如图 14-16 所示。

图 14-16　B 货翡翠的净度和水头

4. 看光泽

B 货翡翠的光泽不强，看着不太亮，好像蜡或塑料的光泽一样，在翡翠行业里，人们把这种光泽叫蜡状光泽或树脂光泽。而 A 货翡翠的光泽比较强，看着比较亮，和玻璃一样，这种光泽叫玻璃光泽。

原因也和注胶有关：因为 B 货翡翠注了胶，多数胶是有机物，和塑料类似，对光线的反射比较弱，所以光泽比较弱。

5. 看酸洗的痕迹

用强光照射，同时使用放大镜或显微镜转动翡翠，从不同的角度看，包括垂直表面看，以及和表面倾斜成一定角度看。

在 B 货翡翠的表面，经常能看到酸洗的痕迹，就是一些很小的凹坑和很多蜘蛛网一样的裂纹，人们常把这些裂纹叫酸蚀纹，如图 14-17 所示。

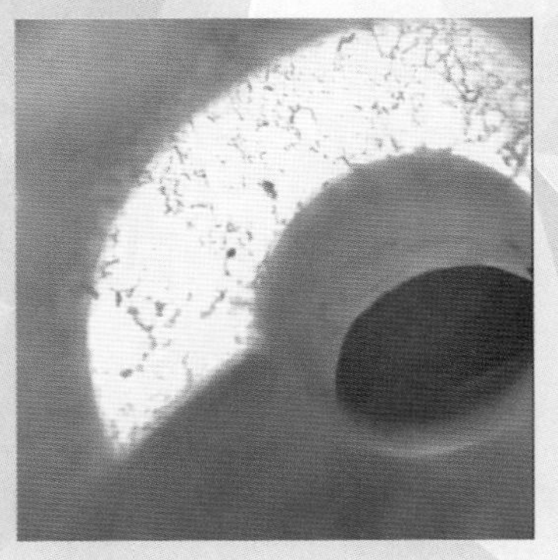

图 14-17　酸蚀纹

这些凹坑和裂纹是酸洗的痕迹。在酸洗过程中，受到强酸的腐蚀，就会产生腐蚀坑。如果对酸加热，就会产生裂纹。

有时候，还可以看到腐蚀形成的孔洞，孔洞的形状好像喇叭，上边比较粗，下面逐渐变细。

图 14-18　注胶的痕迹

6. 看注胶的痕迹

用强光照射，同时使用放大镜或显微镜转动翡翠，从不同的角度看，包括从正面看、倾斜着看。在 B 货翡翠的内部，经常能看到一些注胶的痕迹，比如胶和周围的翡翠的分界面、胶流动的痕迹等，如果用显微镜观察，还可以看到胶里面的小气泡等，如图 14-18 所示。

二 声音法

也可以通过听声音鉴别 B 货：用木棍等轻轻地敲样品，A 货翡翠的结构很致密，所以它发出的声音比较响亮、悦耳、清脆、悠扬，而且响的时间比较长——就是敲完后，还能响一会，听着就像“叮咚……”“当……”那样。

B 货翡翠经过酸洗后，结构很疏松，里面注胶后，胶的成分和翡翠差别很大，所以 B 货翡翠发出的声音比较沉闷、喑哑、不悦耳，响的时间也短促——就是敲的时候会有声音，但是敲完后，声音很快就消失了。

但是这种方法可能会使翡翠产生裂纹，需要谨慎使用。

三 热针法

这种方法就是找一根针，把它的尖端加热，然后轻轻地刺翡翠的表面。如果是 B 货翡翠，可以看到，针尖上会出现小液滴，那是注入的有机胶发生熔化形成的，如图 14-19 所示。

图 14-19　热针法

四 专业仪器法

上面几种方法都是经验法，它们使用起来比较方便，但是准确性比较低。在珠宝鉴定机构里，专业鉴定人员经常使用一些专用仪器进行鉴定。

1. 折射仪

图 14-20 测量翡翠的折射率

B 货翡翠里注了胶，折射率比 A 货翡翠低。所以，这是一种很有效的鉴别方法，如图 14-20 所示。

2. 测密度

同样，由于 B 货翡翠内部灌了胶，胶的密度比较低，所以 B 货翡翠的密度比 A 货翡翠低。

3. 紫外荧光灯

A 货翡翠受到紫外线的照射时，不会发出荧光。如果 B 货翡翠里填充了有机胶，有机胶受到紫外线的照射时，会发出蓝白色的荧光，如图 14-21 所示。

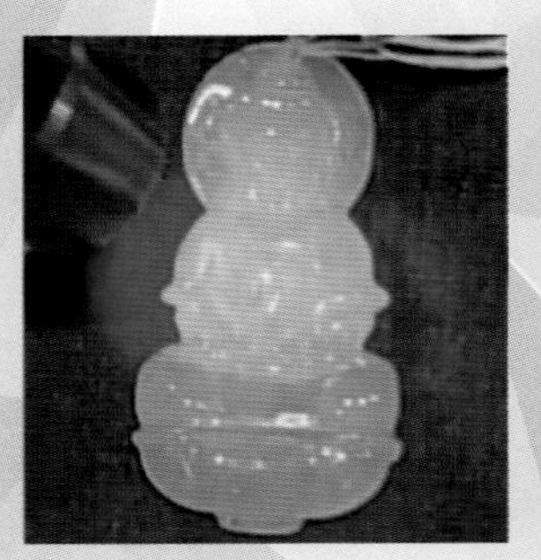

图 14-21 B 货翡翠的荧光

所以，这也是一种比较有效的鉴定方法。

需要指出的是，有的 A 货翡翠也会发荧光。因为有的 A 货翡翠有裂纹，对表面上蜡时，裂纹里会渗入一些蜡，受到紫外线的照射时，这些蜡就会发出荧光。

另外，有的造假者在 B 货翡翠里注入了无机物，代替有机胶。这些无机物受到紫外线的照射时，不会发出荧光，所以，这种方法不能鉴别这种 B 货翡翠。

4. 红外光谱仪

如果 B 货翡翠中填充了有机胶，红外光谱仪可以检测出这些胶。也就是说，如果用红外光谱仪分别检测 A 货翡翠和填充了有机胶的 B 货翡翠，可以看到，它们的红外光谱的形状不一样，B 货翡翠的谱图上会出现有机胶的吸收峰，如图 14-22 所示。

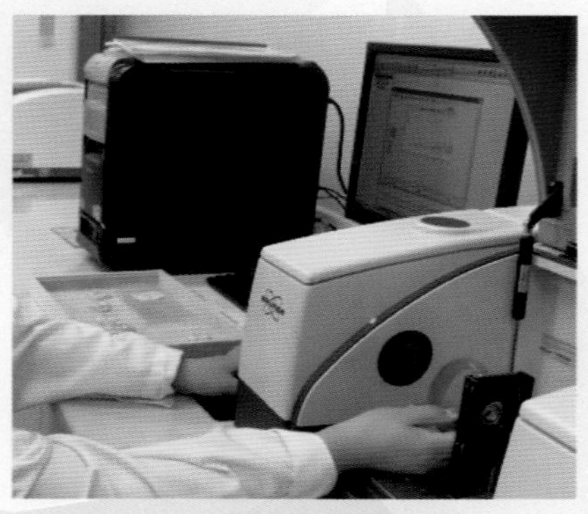

用红外光谱仪测量翡翠的红外光谱

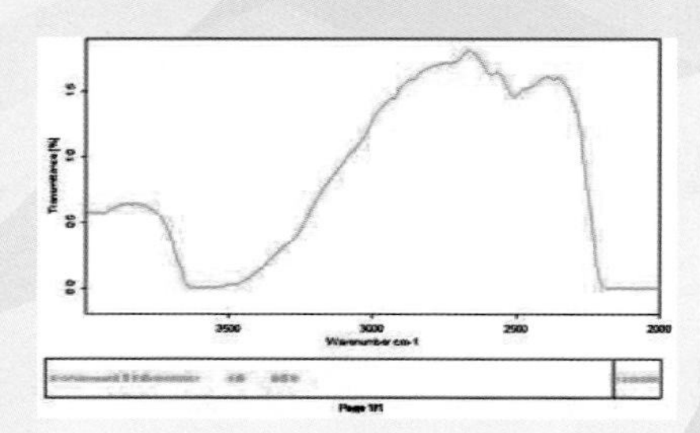

A 货翡翠的红外光谱图

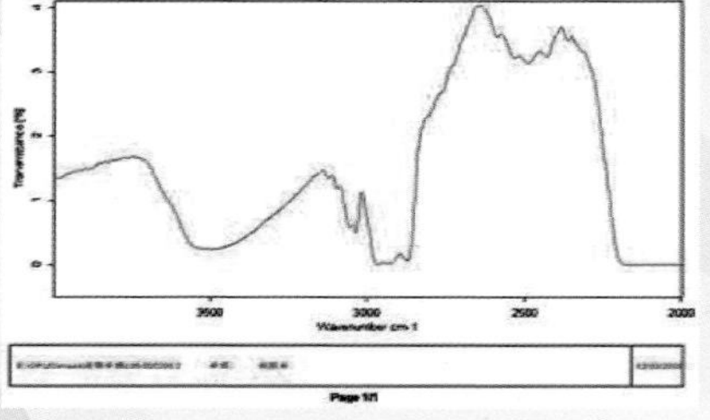

B 货翡翠的红外光谱图

图 14-22　红外光谱法鉴别 B 货翡翠

所以，通过红外光谱仪可以判断出翡翠是 A 货还是 B 货。目前，红外光谱是鉴别 B 货翡翠最有效的方法之一。

但是，常言说，道高一尺，魔高一丈。一些造假者为了防备红外光谱法，他们把给 B 货翡翠里注的胶改成了无机物，红外光谱仪不能检测出无机物。所以，对鉴定者来说，需要开发新的鉴别方法、技术和仪器。

C 货翡翠的鉴别方法

一 染色翡翠的鉴别方法

1. 看价格

染色翡翠的颜色很漂亮、很鲜艳、满绿，但是很多价格却很便宜，低得离谱，让人感觉很奇怪，比如，有的满绿手镯的价格只有几百元。

但是满绿的 A 货翡翠，价格一般很高。

2. 看颜色

（1）看整体的颜色。A 货翡翠的颜色看起来很自然、柔和，有一种灵气。染色翡翠的颜色看起来很夸张：特别浓、特别鲜艳，甚至有一些妖艳，但是看着很呆板、单调，不自然、不柔和，没有灵气，如图 14-23 和图 14-24 所示。

图 14-23　染色的 C 货满绿翡翠

图 14-24　染色的 C 货翡翠

（2）看色根。色根就是翡翠里绿色最浓的地方。其他地方的绿色是从色根产生的，逐渐变浅。A 货翡翠都有色根，就是各个位置的绿色不均匀，有的地方浓，有的地方淡。

染色翡翠多数没有色根，也就是各个位置的绿色很均匀，浓淡基本一样，没有过渡，如图 14-24 和图 14-25 所示。

图 14-25　色根

（3）看颜色和底是否和谐。A 货翡翠的颜色和周围的底很和谐，看着很自然、舒服。染色翡翠的颜色和周围的底看着不和谐：绿色显得特别鲜艳，让人感觉比较突兀、僵硬，和底的颜色界限分明，看着不自然、不舒服，从前面几张图中可以看出来。

（4）看裂缝和凹坑里的颜色。用强光照射，同时用放大镜观察样品表面的裂缝和凹坑，既垂直表面看，也倾斜一定角度看。

如果是 A 货翡翠，裂缝和凹坑里的颜色和周围一致；如果是染色翡翠，裂缝和凹坑里的颜色比周围的深、浓，这是因为染色时，染料容易沉积在裂缝和凹坑里。并且染色像蜘蛛网一样，沿着裂缝分布，如图 14-26 所示。

图 14-26　染色翡翠的颜色不均匀

（5）看表面和内部的颜色。染色翡翠的表面和内部的颜色有差别：表面的颜色很浓，越往里面，颜色越浅，甚至完全没有颜色。因为染色时，染料主要集中在表面，越往内部，染料越少。

3. 擦拭法

用卫生纸或棉球，蘸一些水

或酒精（可以用啤酒或白酒代替），擦拭样品的表面。有的染色翡翠的颜色就会被擦下来。

4. 荧光法

用紫光灯照射，A 货翡翠不会发荧光。

染色翡翠如果使用的染料是有机物，就会发出荧光，如图 14-27 所示。

用紫光灯照射天然翡翠时，它不发荧光，如图 14-28 所示。

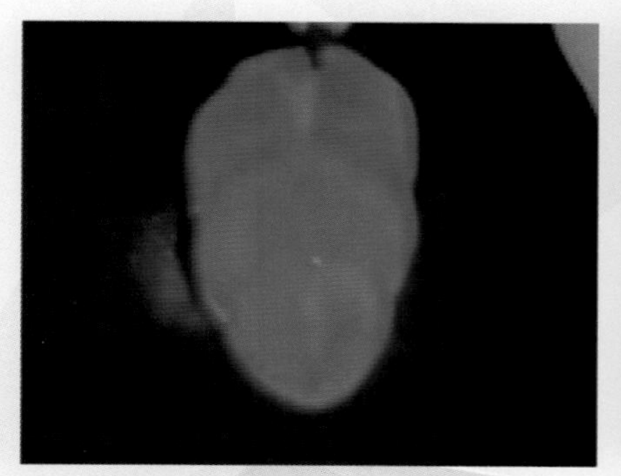

图 14-27　染色翡翠的荧光

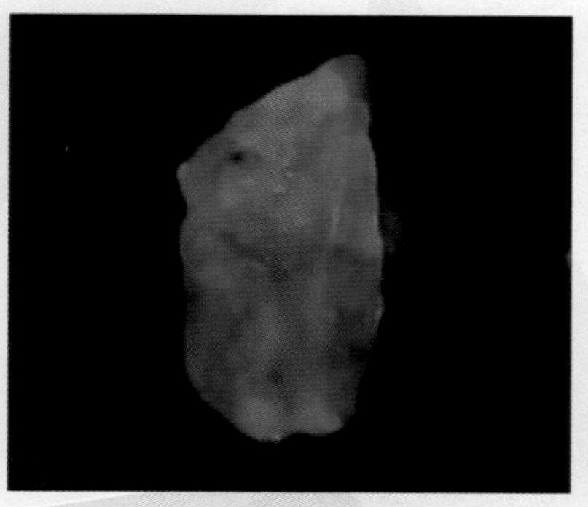

图 14-28　天然翡翠不发荧光

但如果染色翡翠使用的染料是无机物，也不会发荧光。

5. 查尔斯滤色镜

在查尔斯滤色镜下观察，A 货翡翠的颜色不发生变化，即不变色，如图 14-29 所示。

染色翡翠使用的染料如果是铬盐，会变成红色。

有的染色翡翠使用的染料不是铬盐，比如是有机物，是不会变色的，所以不能用滤色镜鉴别出来。

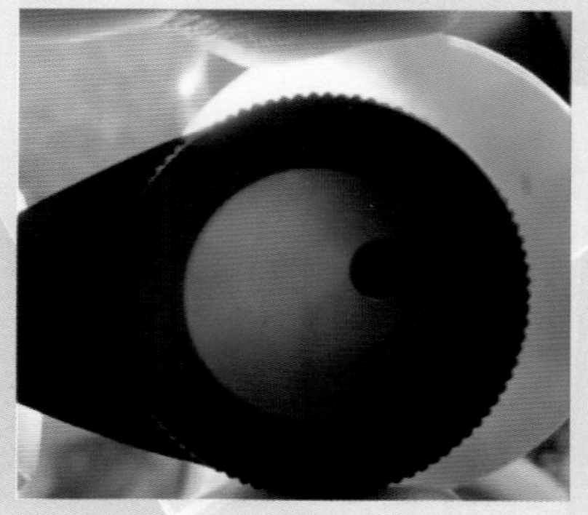

图 14-29　查尔斯滤色镜检测染色翡翠

6. 吸收光谱

用分光镜看吸收光谱。染色翡翠的吸收线的位置、数量、宽度等特征和 A 货翡翠有区别，如图 14-30 所示。

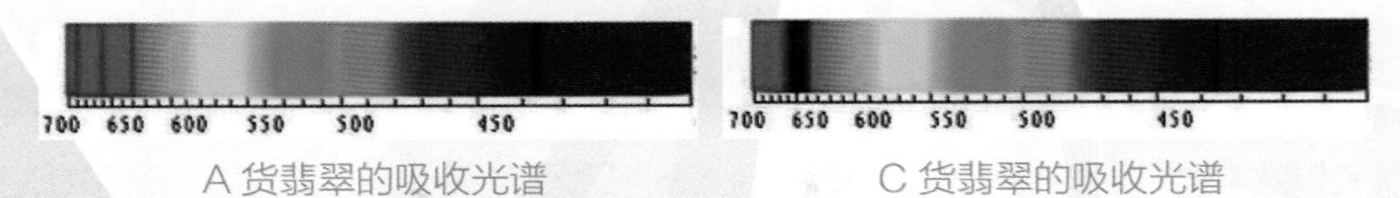

A 货翡翠的吸收光谱　　C 货翡翠的吸收光谱

图 14-30　吸收光谱法

7. 红外光谱

染色翡翠如果使用的染料是有机物，红外光谱的形状和 A 货翡翠有区别，可以鉴别出来。

但如果使用的染料是无机物，红外光谱不能鉴别出来。

二 其他 C 货翡翠的鉴别方法

1. 涂层、镀膜

在翡翠表面涂覆涂层或镀膜，本质上和染色相同，所以鉴别方法和前面介绍的染色的鉴别方法一样。

2. 贴箔

鉴别表面贴箔的翡翠，一方面可以采用染色翡翠的鉴别方法。另外一个重要的方法是，用强光照射，放大观察，看样品表面有没有气泡。

图 14-31　薄膜上的气泡

因为表面贴箔的翡翠和手机贴膜类似，时间长了之后，有的地方会进入空气或水蒸气，所以就产生了气泡。有时候，产生气泡的位置处的薄膜会鼓起来，如图 14-31 所示。

在背面垫锡纸然后镶嵌的翡翠，为了防止别人看出来，镶嵌的金属托不能打开，而很多没有垫锡纸的金属托是可以打开的。

3. 激光致色

鉴别激光致色的翡翠，常用的方法是：用强光照射，再用放大镜或显微镜观察，看翡翠内部有没有激光照射形成的微细的孔洞，孔洞又细又直，孔洞里的颜色比周围深、浓，如图 14-32 所示。

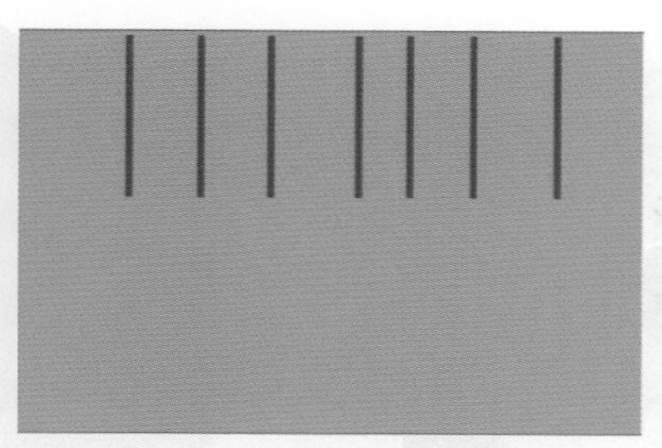

图 14-32　激光照射孔洞

如果把样品浸在液体中观察，这种现象更明显。

4. 辐照改色

辐照产生的颜色不均匀，在强光照射的条件下，用放大镜观察，可以看到，在翡翠的不同位置，颜色的浓度不一样，主要表现在以下两个方面。

（1）表面的颜色比较深，越往内部，颜色越浅，如图 14-33 所示。

（2）可以看到色斑，就是好像雨伞一样的形状——在“雨伞”的中心，颜色最深；离中心越远，颜色越浅，如图 14-34 所示。

图 14-33　表面和内部的颜色

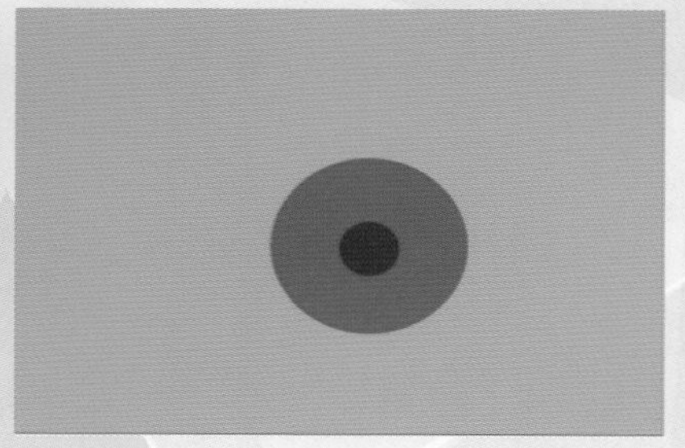

图 14-34　辐照形成的色斑

这种色斑是由样品的不同位置和辐射源的距离不同引起的，对翡翠进行辐照时，高能粒子束正对的位置，距离辐射源最近，受到的辐射最强，所以颜色最深，这里就是“雨伞”的中心位置。距离中心越远，受到的辐射越弱，颜色越浅。

5. 热处理

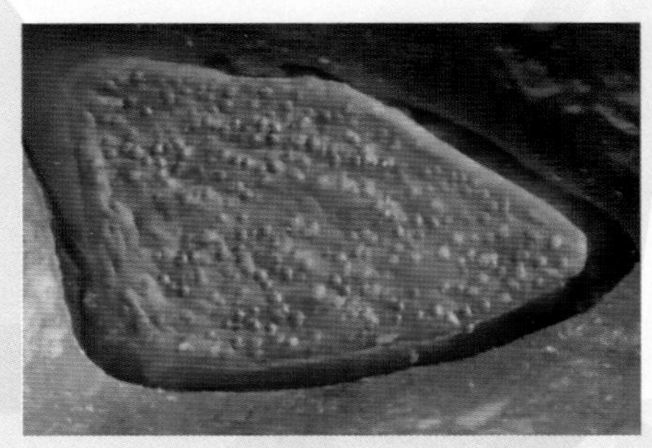
图 14-35　烧红的红翡

热处理改色的翡翠，常见的是烧红的红翡，一种鉴别方法是看整体的颜色。烧红的红翡颜色很漂亮，而且很均匀，如图 14-35 所示。

如果用显微镜进行放大观察，可以看到样品表面和内部有很多细小的裂纹。因为在加热和冷却的过程中，翡翠的表面和内部容易产生微细的裂纹。

6. B+C 货翡翠

由于 B+C 货翡翠综合采用了加工 B 货翡翠和 C 货翡翠的方法，因此同时具有 B 货翡翠和 C 货翡翠的特征，所以也可以综合采用 B 货翡翠和 C 货翡翠的鉴别方法。

D 货翡翠的鉴别方法

一 和翡翠相似的玉石的鉴别方法

1. 看价格和行为

如前所述，有些其他品种的玉石可以假冒翡翠。鉴别它们的第一个方法是看价格。很多时候，商家给它们的标价比 A 货翡翠低很多。比如，有的手镯，看着好像是玻璃种，水头特别好，还是满绿，但价格只有几百元。而同样品质的翡翠手镯，价格可能是几百万元。这就说明，它肯定不是 A 货翡翠。

图 14-36　碧玉手镯

平时，在路上，如果我们看到一个陌生人戴着一只漂亮的手镯，看着也是玻璃种、水头很足，满绿。那么怎么知道它是不是翡翠呢？

其实，现在基本可以断定，它八成不是翡翠手镯。因为我们可以想象，如果那是一只价值几百万元的玻璃种手镯，谁会戴着它毫无顾忌地招摇过市呢？碧玉手镯如图 14-36 所示。

2. 看颜色

鉴别这些玉石，最简单的方法是看它们的颜色。因为虽然它们的颜色也是绿色的，但是它们的绿色和翡翠的绿色不一样。大家通过上一章中那些绿色玉石的图片，就可以看出来。

3. 看微观结构

有的玉石的微观结构有自己的特征，如典型的水沫玉，它的内部经常有很多微小的气泡，好像泛起的水花一样，如图 14-37 所示。

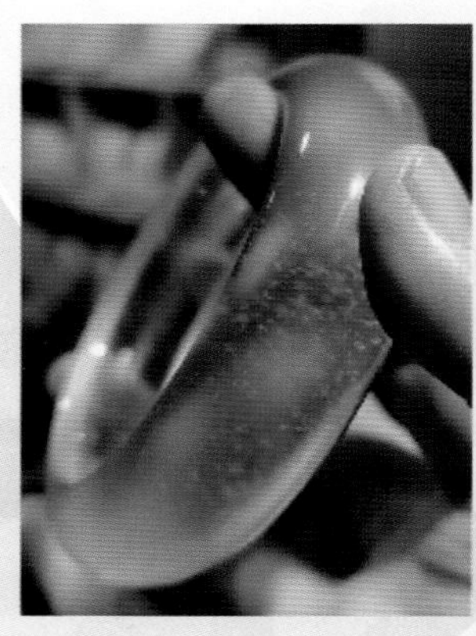
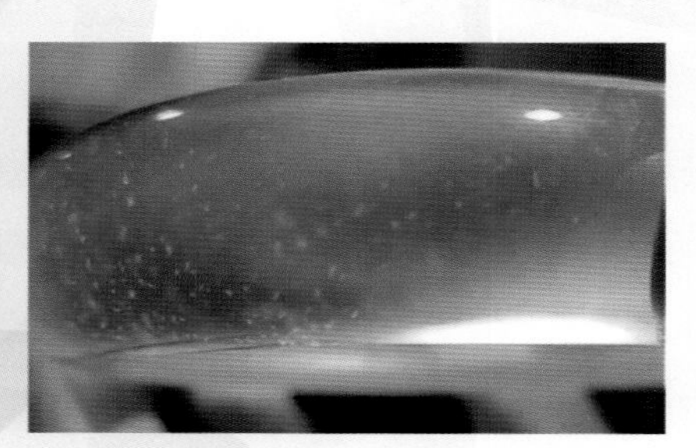

图 14-37　水沫玉

4. 测试化学组成和性质

翡翠的化学成分、性质和仿制品有差别，如表 14-1 所示。

表 14-1　翡翠和一些仿制品的化学组成和性质

名称	矿物组成	硬度	密度 g/cm^3	折射率
翡翠	硬玉	6.5~7.0	3.30~3.36	1.66
软玉	透闪石	6.0~6.5	2.90~3.10	1.62
青海翠玉	钙铝榴石	7.0~7.5	3.57~3.73	1.74
密玉	石英	6.5~7.0	2.60~2.65	1.54
东陵玉	石英	6.5~7.0	2.60~2.65	1.54
岫玉	蛇纹石	2.5~5.5	2.44~2.80	1.55
天然玻璃	二氧化硅	4.5~5.0	2.40~2.50	1.50~1.52
染色大理岩	方解石	3.0	2.70	1.49~1.66

专业鉴定人员经常通过测试样品的化学成分和性质，更准确地进行鉴别。

二 用白玉染色的鉴别方法

鉴别白玉染色冒充翡翠，主要有两种方法：①利用上面的鉴别和翡翠相似的玉石的方法；②利用鉴别染色 C 货翡翠的方法。图 14-38 所示是染色石英岩玉。

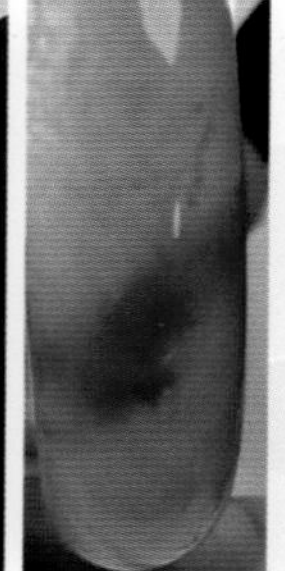

图 14-38　染色石英岩玉

三 普通材料的鉴别方法

鉴别普通材料冒充翡翠，如染色的大理石、绿玻璃、绿塑料、马来玉等，也是综合利用两种方法：①鉴别和翡翠相似的玉石的方法；②鉴别染色 C 货翡翠的方法。

四 黏合翡翠、再造翡翠、合成翡翠的鉴别方法

鉴别黏合翡翠的方法，和鉴别 B 货翡翠类似。因为黏合翡翠的化学组成和微观结构和 B 货翡翠很像。其具体方法包括以下几种。

（1）寻找黏合痕迹。

（2）测量密度。

（3）看荧光。

（4）测量红外光谱。

鉴别再造翡翠，主要有下面几种方法。

1. 看颜色

再造翡翠的颜色比较均匀，就是各个位置的颜色深浅基本一致。

2. 看内部的结构

（1）看气泡。再造翡翠的内部经常有一些气泡。这是因为制造再造翡翠的原料里经常含有水分，或者空气里有水蒸气。在原料的熔化过程中，这些水分或水蒸气没有完全蒸发，就在内部形成了气泡。

（2）看搅拌纹。再造翡翠的内部经常有一些搅拌纹，就像我们平时搅拌水、牛奶、咖啡时，产生的那种纹路。因为在制造再造翡翠时，原料熔化后，为了让各部分的成分均匀，并且充分熔化，经常进行搅动，所以就会产生搅拌纹。

鉴别合成翡翠的方法主要有下面几种。

1. 看颜色

（1）看颜色的自然程度。A 货翡翠的颜色很多都不完美，但是看着自然、柔和。

人工合成翡翠的颜色很纯正、鲜艳，但是看着不自然，比较生硬。

（2）看色根。A 货翡翠都有色根，就是各个位置的绿色不均匀，有的地方浓，有的地方淡。

人工合成翡翠多数没有色根，也就是各个位置的绿色很均匀，浓淡基本一致。

2. 看瑕疵

（1）看天然瑕疵。A 货翡翠里多少会有一些天然形成的瑕疵，比如斑点、棉等。而人工合成翡翠一般很纯净，很少有斑点、棉等天然形成的瑕疵。

（2）看制造过程中产生的瑕疵。人工合成翡翠在制造过程中，经常会产生一些特有的瑕疵，常见的有气泡、搅拌纹等。放大观察，更容易看到它们。

五 危料和永楚料的鉴别方法

鉴别危料和永楚料，常用以下几种方法。

1. 看颜色

绿色的危料多数发灰、发暗、发闷，有的带有蓝色调，看起来是蓝绿色，水头较差，如图 14-39 所示。

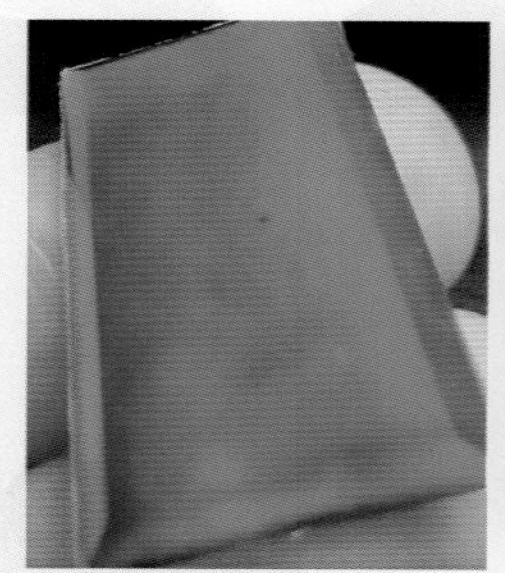

图 14-39　危料的颜色

但是，有些高品质的危料很难看出来，如图 14-40 所示。

蓝色危料的颜色也是发灰、发暗、发黑，如图 14-41 所示。

图 14-40　高品质的危料

图 14-41　蓝色危料

永楚料的颜色是绿色，但是里面经常有黑点，所以整体颜色发黑，如图 14-42 所示。

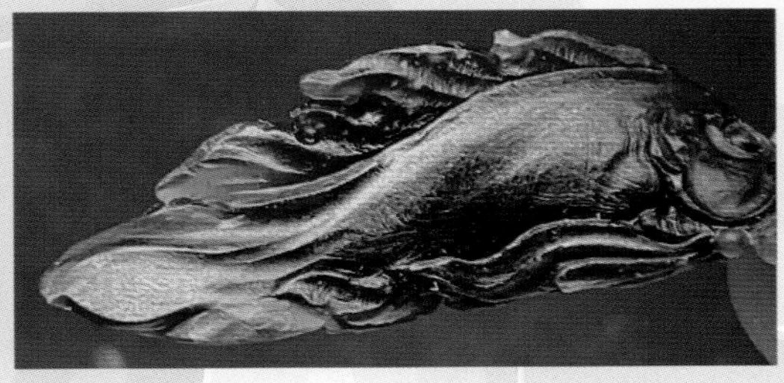

图 14-42　永楚料

2. 看镶嵌情况

前面提到，永楚料和危料一般很薄。商家为了掩盖这一点，同时也为了保护它们不受到破坏，经常采用封底镶嵌的方法，就是用金属把翡翠的背面完全覆盖住。

这种做法的另一个好处是，金属对光线的反射率很高，所以，可以让翡翠的水头显得更足，光泽更强，看起来更亮。

图 14-43　金属托可以打开

在正常情况下，有的翡翠首饰也进行封底镶嵌。但是金属托的底部经常做成活动的，可以打开，让人们可以观看翡翠，如图 14-43 所示。

而永楚料和危料使用的金属托，底部经常是焊死的，不能打开。所以，遇到这种情况，就需要认真观察。

3. 看大小

永楚料和危料主要制造一些尺寸比较小，而且比较薄的吊坠、蛋面类首饰，一般不会做比较厚的产品，如手镯。因为厚度即使只有几毫米，它们的颜色也会发黑，水头很差。由于厚度很薄，长度和宽度也不能大，因为大了容易损坏。

第15章 翡翠的市场消费情况

在本书最后一章，我们来介绍翡翠的市场消费情况，如图 15-1 所示。

图 15-1　翡翠市场

第1节 翡翠的产地

在世界范围内，出产翡翠的国家有缅甸、危地马拉、俄罗斯、日本、美国、中国、哈萨克斯坦、墨西哥和哥伦比亚等。

一 缅甸

在所有出产翡翠的国家中，缅甸的翡翠品质最佳，适合制作珠宝首饰。此外，缅甸翡翠的产量也是最高的。资料显示，缅甸出产的翡翠量占全球总产量的 95%。因此，我国常将翡翠称为缅甸玉。

关于缅甸的翡翠产量，不同资料提供的数据有所差异。有的资料声称，2022 年缅甸开采的翡翠原石约为 5000 吨；而有的资料则报道 2022 年缅甸翡翠原石的开采量约为 10000 吨，如图 15-2 所示。

在这些原石中，大部分质量不佳，仅有大约 5% 的宝石级翡翠原石适合制作珠宝首饰。缅甸的翡翠原石大约 90% 出口到中国，剩余部分有的留在缅甸，有的进入国际市场。

近年来，为了保持翡翠行业的可持续发展和保护环境，缅甸政府出台了多种措施限制原石的过度开采。因此，市场上翡翠的供应量显著减少，导致价格不断上涨。近几年，我国中央电视台财经频道（CCTV-2）曾播出几期关于翡翠市场的节目，据记者

图 15-2　缅甸翡翠原石

的采访报道，许多翡翠商家都反映了这一情况。

二 危地马拉

前面介绍过，危地马拉也出产翡翠。在市场上，人们将其出产的翡翠称为危地马拉料或危料。危料的产量仅次于缅甸料，是全球第二大宝石级翡翠产地，如图 15-3 所示。

图 15-3　危料

总体而言，危料的品质较缅甸料逊色，其种质较嫩，水头不足，颜色偏暗，内部含有较多杂质，如脏点、斑块、棉等。从化学组成来看，危料中的绿辉石含量较高，因此有些翡翠鉴定证书会标明它属于“辉石质翡翠”。

三 俄罗斯

在翡翠市场上，人们把俄罗斯出产的翡翠叫俄料。俄料的特点是多数带有粉紫色，如图 15-4 所示。

四 其他产地

其他国家出产的翡翠质地相对较差，一般无法达到宝石级，不具有商业价值，少数可以作为工艺品原料进行雕刻，或作为矿物标本。

原石

成品

图 15-4　俄料

缅甸翡翠公盘

缅甸政府为了控制翡翠原石的出口和保障税收，规定高等级或高价值的翡翠原石不得由货主私自销售，必须参与政府举办的交易会。在翡翠行业里，人们将这种交易会称为“翡翠公盘”。

翡翠原石通过公盘成交并向政府缴纳税费后，方可办理出境手续，出口至国外。

一 翡翠原石的分级

在缅甸，翡翠原石开采出来后，相关部门会对原石进行品质和价值的评估，并把它们分成五个不同的等级，从高到低依次为 A、B、C、D、E。

缅甸的《宝石法》规定，A 级和 B 级翡翠原石必须参加公盘，不得私自销售；其他等级较低的原石则可以由具备相关资质的企业进行销售，无须参加公盘。

二 公盘

1. 时间和地点

翡翠公盘的标准名称叫“缅甸国家珠宝玉石交易会”，1964 年开始举办，开始时每年 3 月举办一次，从 1992 年开始，每年的 11 月增加一次，即变为每年举办两次。

公盘的举办地点，初期在缅甸原来的首都仰光，从 2010 年秋季开始，改在了新首都内比都。

2. 组织机构

公盘的组织机构是缅甸矿产部。

三 公盘的规则

1. 公盘的举办期

公盘的举办期不是固定的，有时候达 12~14 天，有时候是 5~7 天。2024 年第 59 届公盘时间为 5 月 3 日至 12 日，共 10 天，如图 15-5 所示。

图 15-5　2024 年第 59 届缅甸国家珠宝玉石交易会（公盘）宣传海报

2. 交易货币

早期的公盘规定：所有的交易，只使用欧元作为交易货币，包括开价、出价、结算等，不得使用其他货币。2024 年的公盘规定：竞投时以美元进行，中标后，可以用美元或欧元、人民币、泰铢支付货款。

3. 不卖赌石，只卖明料

缅甸法律规定：在公盘里，不卖赌石，只卖明料。即所有原石都已经从中间切开了，如图 15-6 所示。

图 15-6　缅甸公盘上的明料

四 参与者

公盘的参与者包括卖方和买方。

卖方就是翡翠原石的供货商，它们是具有相关资质的缅甸珠宝企业，具有翡翠原石的开采、贸易、中介等资质。

买方就是翡翠原石的采购商。

缅甸的翡翠公盘，不是谁想去就能去的。要想参加公盘，必须先获得参加资格。可以通过以下两种渠道获得参加资格。

1. 持有公盘的邀请函

邀请函可以从三个方面获得：①缅甸各级政府；②缅甸各级珠宝协会；③缅甸珠宝贸易公司。

2. 获得担保

如果没有邀请函，买家需要获得缅甸的珠宝公司的担保，而且要向公盘的组委会缴纳 1000 万元缅币（合 4 万 ~5 万元人民币）/ 人的保证金（公盘结束后，保证金会退还）。

获得参加资格后，就可以办理参加公盘的手续了。

五 公盘的流程

如果想去缅甸的翡翠公盘买翡翠原石，该怎么办呢？下面我们来了解一下公盘的流程，也就是买翡翠原石的方法。

缅甸的翡翠公盘实行的交易方式是投标制，具体包括两种形式：一种叫暗标；另一种叫明标。

1. 暗标

（1）暗标的步骤。

暗标包括下面三个步骤。

第一步，公盘开幕之前，所有的翡翠原石都要编号码，标明重量、底价等信息，如图 15-7 所示。

第二步，买方从组委会索取《竞标说明书》和《竞买投标单》。《竞标说明书》里详细介绍了公盘的信息，比如注意事项、货物信息（如编号、底价等）、投标时间等。

第三步，公盘开幕后，前几天是看标日，也就是看货期。参加公盘的所有翡翠原石公开展出，翡翠采购商们进场看货，认真观察，挑选自己想买的原石，如图 15-8 所示。

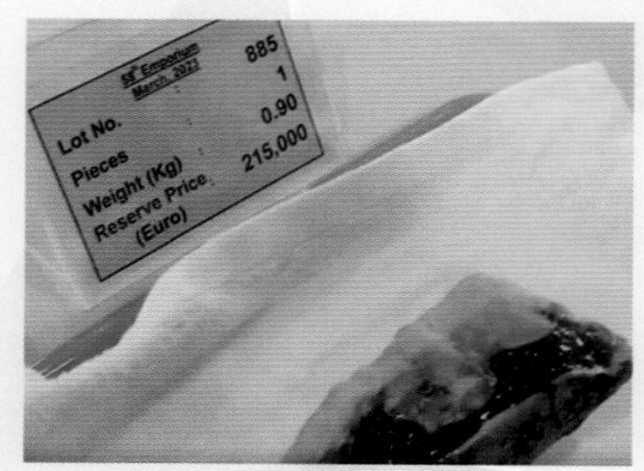

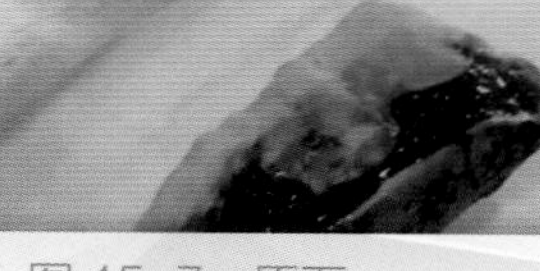

图 15-7　原石　　　　图 15-8　看标

与购买其他货物不同，在这个阶段，即便看中了一些原石，也不能立即购买，而是需要根据原石的品质、尺寸等信息评估其价格，然后将相关信息填写到《竞买投标单》中，包括原石的编号、投标价（即自己计划出的购买价）、投标者的编号和姓名等。

填写完毕后，将《竞买投标单》投入标箱。这样，投标流程就完成了。

我们可以想象，公盘现场经常会出现多个买家看中同一块原石的情况，即他们会进行竞争。而且，每位买家只知道自己的投标价，并不了解其他人的投标价，因此这种投标方式被称为“暗标”。

所有买方的《竞买投标单》收集完毕后，组委会将进行开标，根据“价高者得”的原则，每件原石由投标价最高的买家中标。随后，每件

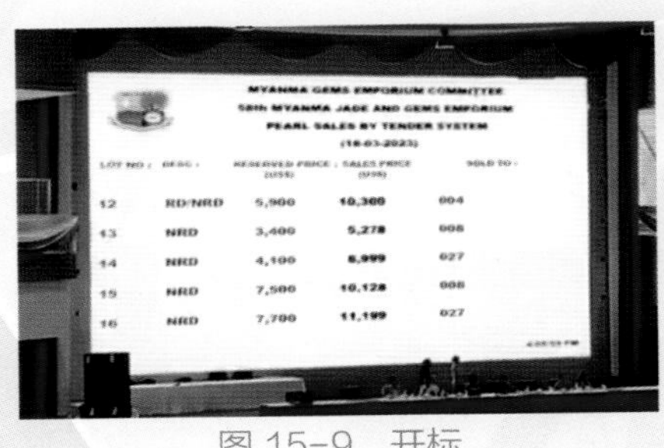

图 15-9 开标

原石的中标者和中标价将被公开宣布，如图 15-9 所示。

由于参加公盘的原石数量很多，不同的原石，投标和开标的时间都不一样，整体上是滚动进行的。所以，买方需要注意，不能错过时间。表 15-1 所示是 2024 年翡翠公盘 A、B 组翡翠的时间安排。

表 15-1 2024 年翡翠公盘 A、B 组翡翠的时间安排

事项	日期	时间
看货	5 月 3 日—6 日	7:30—17:00
下标	5 月 3 日—8 日	7:30—15:00
开标	5 月 7 日—9 日	8:00—15:00

（2）暗标的特点。

以暗标的方式进行投标存在很大的不确定性，如果自己的投标价低于别人的投标价，就买不到心仪的原石。经常发生这样的事情，虽然有人的投标价只比别人少几千元或几百元，但最终却失去了可能赚取几十万元、几百万元的机会。

反之，如果自己的投标价比别人高出太多，虽然能够购得原石，但成本将提高，利润会减少，甚至可能会亏损。

因此，在进行“暗标”投标时，最重要且最关键的一点是确定一个合理的投标价。这一点无疑非常困难，买方不仅需要根据原石的品质评估其价值，同时还要预估其他竞争对手的出价。这个过程十分微妙，需要丰富的经验，在很多情况下，也需要一定的运气。

在缅甸的翡翠公盘里，暗标是主要的交易方式，大约五分之四的原石都是通过这种方式成交的。

2. 明标

暗标结束后，便开始进行明标的竞标。

明标即我们熟知的现场拍卖，所有参与明标的买方集中在交易大厅内，公盘的工作人员逐一公布参与明标的翡翠原石编号，买方现场出价竞标，出价最高者中标，如图 15-10 所示。

图 15-10　交易大厅

在每次公盘中，参与明标的翡翠原石数量并不多——不到五分之一。但是，参与明标的原石品质通常很优良，多数属于高档原石。例如，在 2010 年的公盘中，“标王”紫罗兰原石就是通过明标成交的，中标价高达 19899999 欧元（约合人民币 2 亿元）。

3. 结算

所有的竞标结束后，中标者可以当场结算货款，也可以在规定的时间内完成结算（通常为 2 个月或 3 个月）。

有的中标者可能会出现“逃标”行为，即反悔不付款，也不要货物了。对于这种情况，组委会将采取惩罚措施：对缅甸人，将无限期取消其参加公盘的资格；对外国人，则会取消其参加接下来 10 场公盘的资格。

4. 保证金制度

为了限制逃标行为，自 2009 年 10 月起，缅甸的翡翠公盘实行了保证金制度，并作出以下规定。

每个投标人需缴纳至少 1 万欧元的保证金。

缴纳的保证金数额与投标金额的比例为 5%。也就是说，缴 1 万欧元的保证金，可参与最高 20 万欧元原石的投标。

中标者需在公盘结束后一个月内付清货款的 10%，在 3 个月内付清全部货款。若违约，则保证金将被没收。2018 年，公盘对保证金的数额进行了调整：最低额度提升至 2 万欧元；保证金与投标金额的比例调整为 10%。这样，逃标者的违约成本增加，进而有效地减少了逃标行为。

2024 年的翡翠公盘规定，根据原石毛料的不同类别，所需支付的保证金数额也有所不同，如表 15-2 所示。

表 15-2　翡翠公盘的保证金

类别	保证金 / 美元	购买额度 / 美元
宝石	2000	20000
A 类翡翠原石	40000	400000
B 类翡翠原石	20000	200000

注意：支付 A 类保证金，可投 A 类和 B 类翡翠原石；支付 B 类保证金，只能投标 B 类翡翠原石。

六 意义

缅甸的翡翠公盘是一种独特的交易方式，它是全世界最著名的翡翠原石交易市场，是珠宝商购买翡翠原石的主要途径之一，也是全球翡翠原石市场的风向标。

七 公盘标王

在每届公盘上，都有一些原石吸引众多买家竞标，大家相互竞争，导致最终的中标价非常高，成为众人瞩目的“标王”。

接下来，我们来欣赏其中几届的标王。

- 2015 年第 52 届公盘，标王的编号为 8935，中标价为 1528 万欧元，约合人民币 1.13 亿元。

- 2016 年 6 月第 53 届公盘，明标标王的编号为 5944，重量为 80 千克，呈阳绿色。底价为 200 万欧元，中标价为 1600 万欧元，约合人民币 1.25 亿元。

- 2016 年 6 月第 53 届公盘，暗标标王的编号为 5029，重量为 520 千克。底价为 13.8 万欧元，中标价为 1200 万欧元，约合人民币 9400 万元。

- 2017 年第 54 届公盘，标王的编号为 4884，底价为 8.8 万欧元，中标价为 1599.8899 万欧元，约合人民币约 1.25 亿元。

- 2018 年第 55 届公盘，编号为 1796，底价为 28 万欧元，开标价为 900 万欧元，约合人民币 7200 万元。

- 2019 年 3 月第 56 届公盘，编号为 4996，底价为 8 万欧元，开标价为 1058 万欧元，约合人民币 8000 万元。

我国的翡翠原石市场

我国的翡翠原石市场主要集中在云南和广东。本节先介绍云南的翡翠原石市场。云南毗邻缅甸，地理条件得天独厚，所以翡翠原石市场很发达。

一 腾冲

早在明朝万历年间，缅甸的翡翠就通过云南的腾冲、瑞丽等地进入我国。在清朝中期，腾冲逐渐发展成为翡翠的重要集散地。

图 15-11　腾冲翡翠公盘交易大厅

据腾冲市文化和旅游局统计，2022 年，全市有 3 万多人从事翡翠和琥珀行业，其中，约有 6000 人从事网络直播。翡翠和琥珀产业的年产值达到 25 亿元，成为全市的支柱产业之一。图 15-11 所示是腾冲翡翠公盘的交易大厅。

二 瑞丽

瑞丽市毗邻缅甸，自然环境优美，风景秀丽。据资料介绍，瑞丽市的名字来源于“祥瑞美丽”的寓意。自古以来，瑞丽的商贸就十分发达，尤其是翡翠贸易。在我国的翡翠行业中，一直流传着“玉出云南，玉从瑞丽”的说法。近年来，瑞丽已成为我国最重要的翡翠原石集散地。有资料显示，我国 90% 以上的翡翠原石都经由瑞丽进入国内市场的。图 15-12 所示是瑞丽翡翠公盘现场。

图 15-12　瑞丽翡翠公盘

三 盈江

盈江县也与缅甸接壤，因此成为缅甸翡翠进入我国的另一个重要通道，拥有“翡翠毛料中国第一站”“玉出云南，料出盈江”等美誉，并与腾冲、瑞丽共同构成了翡翠行业的“云南原石铁三角”。

在我国的翡翠行业中，盈江一直以原石集散地而闻名，其定位非常明确——致力于发展翡翠原石市场，目标是成为我国翡翠原石市场的领军者。

从 2009 年起，盈江开始举办国内的翡翠公盘。截至 2024 年 3 月 2 日，已成功举办至第 86 届。据统计，该届公盘的原石总量超过 3 万吨，成交金额达到 20 亿元人民币。

自 2020 年起，盈江开始举办线上公盘，采用网络直播的形式进行。图 15-13 所示是盈江公盘现场和买家使用的投标单。

投标单
编号：
盈江县珠宝玉石联合协会
底标价：
投标价大写：　佰　拾　万　仟　佰　拾　元
投标价小写：
投标人签名：
投标人联系电话：
投标人会员证号码：
性别：□男　□女
日期：20　年　月　日
备注：
密码：

图 15-13　盈江公盘现场和买家使用的投标单

翡翠加工基地和批发市场

我国的翡翠加工基地和批发市场集中在广东，主要有四个：四会、平洲、揭阳、广州。

一 四会

四会市是位于广东肇庆的一个县级市，位于广州西北方向，距离广州 80 公里，市内有四条江汇流，因此得名“四会”。

在清朝末年，四会就有人开始从事翡翠加工。随后，产业规模不断地发展，产品以物美价廉著称，在周边地区享有盛名，深受人们喜爱。到了 20 世纪 80 年代后期，四会已形成了较为完善的玉器加工产业链。来自全国各地及东南亚的客户纷纷汇聚于此，进行玉器采购。

从 20 世纪 90 年代起，当地政府全力支持玉器产业的发展，建立了规模大、档次高的玉器专业市场，进一步提升了四会玉器的知名度。2003 年，四会市被授予“中国玉器之乡”的称号。

目前，四会是中国规模较大的翡翠加工基地和成品批发市场之一。其最大的特色是以中低档产品为主，性价比高，具有极强的市场竞争力，国内绝大多数玉器销售企业都选择从这里进货。图 15-14 所示是四会翡翠市场的内景。

二 平洲

平洲是广东省佛山市南海区下辖的一个镇，距离广州 20 公里。

平洲的翡翠行业起源于 20 世纪 70 年代中期，在当地一个村庄里，村民创办了一家玉器加工厂，因其产品质量过硬，赢得了客户的好评，进而带动了许多人从事玉器加工，从而在国内外享有盛誉。到了 20 世纪 90 年代中期，平洲玉器产业的产值已超过亿元，素有“天下玉，平洲器”的美誉。

图 15-14　四会翡翠市场

当地政府也大力支持该产业的发展，并着力打造“平洲玉器珠宝特色小镇”的品牌。

平洲玉器的特点在于擅长加工光身件。早期产品以平安扣而闻名，在行业内被称为“平洲扣”。近年来，平洲定位于高端市场，手镯成为其主打产品，平洲已成为全国最大的翡翠手镯加工中心和销售市场，被誉为“中国玉镯之乡”，市场份额超过 80%，国内大多数翡翠手镯均出自这里，如图 15-15 所示。

此外，平洲也是我国最大的翡翠原石集散地。2001 年，平洲成立了珠宝玉器协会，并与缅甸合作建立了翡翠原石市场。目前，平洲定期举办翡翠公盘及多种私盘，货源包括从缅甸公盘采购的原石及未参加缅甸公盘的低等级原石。

平洲的原石市场具有以下几项独特优势。

图 15-15　平洲手镯市场

（1）平洲距离广州市仅 20 公里，交通十分便利。

（2）买方购买原石时，多数情况下首选加工成手镯。平洲拥有完善的手镯加工体系，买方可以在当地就近加工，从而节省了大量的时间和成本。

（3）平洲拥有全国最大的手镯批发市场，客户加工好手镯后，可以立即就地销售，快速回笼资金。

目前，在国内，平洲原石市场的知名度与瑞丽、盈江齐名。有资料显示，“平洲公盘”的规模在国内是最大的，影响力也最大，正逐渐成为国内翡翠行业的风向标和晴雨表，在翡翠行业内流传着“世界翡翠看缅甸，中国翡翠看平洲”的说法，如图 15-16 所示。

三 揭阳

揭阳的翡翠产业主要集中在当地一个名为阳美的村庄，因此揭阳翡翠也常被称为阳美翡翠。

在 1905 年前后，阳美村的一些农民经常加工和销售旧玉器。随后，产业规模逐渐扩大，参与人数日益增多，品种也不断丰富。从 20 世纪

80 年代开始，人们开始专注于翡翠加工，逐步形成了一个完整的翡翠产业链，覆盖原石贸易、产品设计、加工、销售等各个环节。

图 15-16　平洲翡翠公盘

2005 年，揭阳市被亚洲珠宝联合会授予“亚洲玉都”的称号。2006 年，揭阳获得中国轻工业联合会授予的“中国玉都”称号。2008 年，“阳美翡翠玉雕”被列入国家级非物质文化遗产名录的第二批，如图 15-17 所示。

图 15-17　阳美玉都

揭阳翡翠以中、高端产品闻名，其特点包括以下三个方面。

首先，产品选用的翡翠原石品质上乘。

其次，产品的加工技艺精湛。揭阳玉雕师代表了国内翡翠加工技艺的最高水平，在翡翠行业中，享有“缅甸玉，揭阳工”的美誉。

最后，产品的尺寸较大，价值较高。

因此，揭阳翡翠的发展趋势是向北京、扬州等地区的传统玉雕工艺靠拢。

目前，揭阳已成为全国最大的中高端翡翠加工基地和销售市场，全国 90% 以上的中高档翡翠产品均源自此地，如图 15-18 所示。

图 15-18　揭阳翡翠

四　广州

广州因其独特的地理位置，多年来一直是我国一个重要的翡翠市场。其中，最有名的是位于荔湾区华林商圈的华林玉器街。在明朝时，华林寺是当地一座著名的寺庙，周边人流量大，商贸繁荣。到了清朝中期，这里形成了一条玉器街。

华林玉器街长约 350 米，在街道两旁，玉器商铺和摊位林立，人潮如涌，非常繁华。2014 年，它荣获“中国珠宝玉器第一街”的称号，如图 15-19 所示。

图 15-19　广州华林玉器街

这里的特点是产品品种丰富，档次也各不相同，涵盖高、中、低档，价格同样高低不等，低至几十元，高至几百万元。可以说，任何人都能在这里找到适合自己的玉器。有的店铺具有浓厚的艺术气息；在有的店铺里，顾客可以亲眼看到翡翠的加工过程；在另一些店铺里，顾客甚至可以亲自动手加工翡翠，亲身体验雕琢翡翠的乐趣。

五 广东翡翠产业的特点

目前，在我国广东的翡翠产业独树一帜，蓬勃发展，呈现出一派欣欣向荣的景象。这主要有以下几个原因。

1. 从业者踏实

从上面介绍的四会、平洲、揭阳的发展史来看，它们的一个共同特点就是踏实肯干、吃苦耐劳，不追求不切实际的目标，不因利润小而放弃，而是勤勤恳恳，从一点一滴的小事做起，逐渐积累，经过上百年的发展，成为现在的大产业。

2. 重视市场，市场意识强

前面介绍过，北京、扬州等地的翡翠加工水平也很高，但当地却没有形成大规模的翡翠产业。一个重要原因就是产业的形成与产品种类有关：北京、扬州的翡翠主要是高端产品，价格昂贵，大多数普通消费者需求较少。而广东的翡翠企业几乎完全以市场为导向，面向普通大众消费者，翡翠成品主要是首饰，如手镯、挂件等，普通消费者对它们的需求旺盛，因此这些产品的销量大、流转快，企业能迅速获得效益，从而能够生存并逐渐发展和壮大。此外，广东的玉雕师也注重提高技艺水平，制作高端的大型玉器，并积极参加全国的相关竞赛，如天工奖评选等。所以，广东的翡翠企业通过双管齐下的方式，实现了从小到大的持续发展。

3. 政府支持

当地政府大力扶持，并帮助企业解决实际问题，具体包括：①鼓励人们从事玉器加工，尤其是家庭作坊式的个体户和摊贩；②引导企业提升管理水平，做大做强，创建品牌；③积极进行硬件建设，如建立专业化市场，方便企业经营。

4. 营销意识强

利用多种渠道加强宣传，创建玉石产业品牌，扩大产业在全国乃至国际范围的知名度和影响力，具体形式包括举办玉器文化节、玉器博览会、学术研讨会，组织商户走出去参加珠宝展等。例如，2023 年 12 月 18 日，揭阳举办了第 22 届中国（揭阳）玉文化节。

5. 成立行业组织

多地成立了行业组织，如 2001 年成立的平洲珠宝玉器协会，2002 年成立的四会市玉器商会。这些组织加强对行业的管理和市场监督，规范了商户行为，打击了制售假冒伪劣行为，维护了市场秩序。另外，很多地方成立了检测机构，以保护消费者权益，保证行业健康发展。例如，四会成立了四会市玉器检测中心；揭阳与国家珠宝玉石质量监督检验中心、中国地质大学等单位合作，在揭阳开设了“NGTC 翡翠鉴定师”“GIC 翡翠鉴定师”等课程。

6. 加强人才培养，提高技艺水平

采取多种形式加强人才培养。例如，实行产学研合作，与大专院校联合举办技术培训，邀请高水平的工艺美术师举办讲座等。同时，切实地提高了高技能人才的待遇，使他们能够安心钻研业务。

7. 培育翡翠文化，让更多人了解并喜爱翡翠

例如，四会创办了我国第一家翡翠博物馆。

8. 创新意识强，积极学习新知识

从业者具有强烈的创新意识，积极学习新知识、新技术，促进行业发展。例如，很多人利用互联网直播等形式，在抖音、快手等平台上进行线上销售；平洲的一些企业主动走访其他行业的企业，如激光加工企业，探讨将激光加工技术应用于翡翠加工。

第5节 其他的翡翠消费市场

广东既是我国重要的翡翠加工基地和批发市场，也是重要的翡翠消费市场。除了广东之外，北京、长三角、云南等也是重要的翡翠消费市场。

一 北京的翡翠市场

北京的翡翠市场主要包括以下几个。

（1）新街口珠宝商圈。这里是北京规模最大的珠宝商圈，范围从西四的羊肉胡同到新街口，包括万特珠宝城、万丰珠宝城等大型市场。

（2）潘家园古玩商圈。它包括潘家园古玩市场、北京古玩城、天雅古玩城等市场。

（3）其他。北京其他的翡翠市场包括天雅珠宝城、北京国际珠宝交易中心（小营珠宝城）、官园珠宝城等。

二 深圳水贝的翡翠市场

水贝原本是深圳市罗湖区的一个渔村，当地水上交通便利，盛产贝类，因此得名水贝。在清朝时期，水贝就已相当繁荣。资料记载，当地人“因水得财，因贝而富。”

改革开放前，水贝一直是一个不起眼的渔村。改革开放后，深圳成为我国的经济特区，依靠优惠政策和邻近香港的优势，吸引了香港珠宝厂商来深圳进行珠宝首饰的生产加工。随后，深圳的珠宝产业不断发展壮大。

20 世纪 90 年代，在罗湖区政府的支持下，众多黄金珠宝企业进驻水贝。2003 年，深圳市政府决定在水贝建设黄金珠宝产业基地，水贝的珠宝产业开始迅猛发展，形成了涵盖珠宝设计、生产、批发、零售等环节的完整产业链。

目前，水贝是我国规模最大、影响力最强、发展水平最高、产业链最完整的黄金珠宝产业区。在 1.1 平方千米的范围内，聚集了近 7000 家黄金珠宝企业。拥有 10 个面积超过 1 万平方米的大型专业市场，黄金珠宝商铺林立，各种首饰琳琅满目，令人目不暇接。水贝珠宝行业的年营业额超过 1000 亿元，占国内黄金珠宝批发市场总额的 50%。资料显示，我国 85% 的黄金是从这里输送到全国各地的。在中国珠宝界，人们常说：“世界珠宝看中国，中国珠宝看深圳，深圳珠宝看水贝。”“中国水贝 · 世界宝都”的形象已经深入人心，如图 15-20 所示。

未来，水贝珠宝产业要向品牌化、数字化、高端化和国际化方向发展，人们提出了“从制造到创造”“从设计到品牌”的口号，避免简单的价格战，而是依靠品牌、品质致胜。

同时，深圳市也在大力培育珠宝文化，比如，建设了深圳珠宝博物馆，如图 15-21 所示。

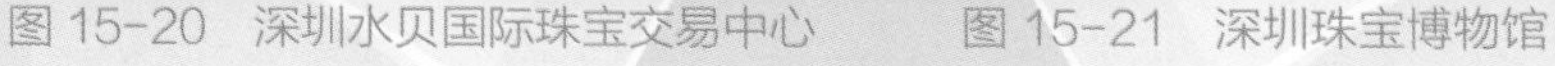
图 15-20　深圳水贝国际珠宝交易中心　　图 15-21　深圳珠宝博物馆

另外，值得一提的是，包括深圳在内，广东的这些翡翠市场都有自己的特色，相互之间形成了一种互补、互惠、互利的良性合作关系，而不是恶性竞争，所以它们都能够健康、长远、持久地发展。

三 苏州相王弄

1. 名称的来源

相王弄位于苏州市姑苏区，它是以相王路为主线、由周围很多个小弄组成的一片区域。

在古代，这里有一座庙宇，叫相王庙。相传，在春秋时期，公元前514年，吴王阖闾命令大臣伍子胥修建苏州城，当时，苏州就叫“阖闾城”。在修建过程中，有一位将军，为了修城而英勇牺牲。后来，为了纪念他，人们修建了一座庙宇。在唐朝时，皇帝敕封这位将军为相王神，庙宇封为“相王庙”。所以，人们把相王庙、相王路、相王弄看作苏州的根、吴文化的源头。

2. 相王弄玉雕市场

20世纪90年代初，苏州玉雕厂进行改制，很多玉雕师自谋出路，其中一些人来到相王弄，由于他们的技艺精湛，雕琢的玉器畅销海内外，随后，越来越多的玉雕师、玉器商人汇聚到这里，因而发展成一个产业链，以及完善的、繁荣的玉器市场。

目前，相王弄的产品丰富，涵盖低、中、高端，玉雕成为苏州的一个支柱产业，同时也成为苏州文化的一个窗口。

四 内地的珠宝展

珠宝展是珠宝行业的盛会，它不仅是进行珠宝展示、交易、品牌推广、信息交流、学术研讨的综合性平台，也是消费者选购珠宝的重要场所。

中国内地多个城市都举办珠宝展，其中影响力最大的有三个，分别是北京的中国国际珠宝展、上海国际珠宝展和深圳国际珠宝展。

1. 中国国际珠宝展

在北京举办的中国国际珠宝展上，参展的珠宝品种繁多，汇聚了我国主要珠宝产地及国外重要宝石产地的珠宝商，包括一些知名品牌。在翡翠行业方面，有来自缅甸的翡翠原石商家，也有平洲、揭阳、四会等地的翡翠企业参展。 在天工玉石雕刻作品展区，向观众展示了近期的优秀玉雕作品。 珠宝展还经常邀请我国最权威的珠宝检测机构——国检中心参加，该机构可以在现场为消费者提供鉴定和咨询服务，如图 15-22 所示。

图 15-22　2023 年中国国际珠宝展

2. 上海国际珠宝展

上海国际珠宝展的展品涵盖贵金属、钻石、翡翠、珍珠、彩色宝石等品种，以及珠宝加工设备、检测设备等，如图 15-23 所示。

图 15-23　2024 年上海国际珠宝展宣传海报

3. 深圳国际珠宝展

深圳被誉为我国的“珠宝之都”，其珠宝首饰行业是深圳市的支柱产业之一。深圳国际珠宝展被公认为中国内地档次最高、规模最大、影响力最强、国际化程度最高的珠宝展。在参展企业中，60% 是深圳本地企业，同时也包括国内其他地区和国外的企业，如揭阳翡翠展团、云南展团、水贝展团等特色珠宝展团。

深圳国际珠宝展与北京、上海的珠宝展有所不同，其展品不仅包括珠宝首饰成品，还涵盖了极为丰富的珠宝生产设备，例如制造设备、耗材、辅料、包装、陈列、展示设备，甚至网络直播设备等。这一差异的原因显而易见：由于深圳拥有众多珠宝生产企业，因此珠宝展上特别强调了这一特色，为这些企业提供了大量的商机，如图 15-24 所示。

除了这三个影响最大的珠宝展外，我国国内还有海南、云南、杭州、沈阳、成都等地的珠宝展。

图 15-24　深圳国际珠宝展

五 我国最权威的珠宝检测机构

在中国的珠宝市场上，有许多珠宝检测机构。在珠宝行业中，人们普遍认为，中国最权威的检测机构是国家珠宝玉石首饰检验集团有限公司，简称珠宝国检集团或珠宝国检，其英文缩写是 NGTC。该公司是由原国家珠宝玉石质量监督检验中心（简称国检中心）经过企业化改制而成立的国有企业，如图 15-25 所示。

NGTC 的 Logo　　　　NGTC 在珠宝展上的展台

图 15-25　NGTC

珠宝国检（NGTC）是中国国家级的珠宝玉石检测与质量监督机构，拥有完备且先进的仪器设备，检测人员技术精湛、专业水平高，为政府相关部门及广大消费者提供专业检测服务，因此享有很高的信誉，检测结果准确、客观、公正。

NGTC 的检测证书可在线查询，有效地防止了伪造证书等不当行为。为了满足当前社会发展的需求，NGTC 还提供数字化检测服务，用户可以通过微信小程序、微博、抖音、快手等平台进行样品送检。

NGTC 总部位于北京，并在中国主要的珠宝产业基地设有分支机构，包括上海、广州、深圳、香港、昆明、瑞丽、平洲、揭阳、四会、杭州、苏州、东莞、沈阳、西安、诸暨等城市。

六　近年我国的翡翠消费情况

根据相关机构的统计，近几年，我国的翡翠消费具有以下几个特点。

1. 市场规模增加

从 2020 年开始，我国消费者购买翡翠的金额超过了钻石，成为第二种最受欢迎的珠宝首饰，消费总金额达 1080 亿元左右，占珠宝首饰总零售额的 15% 左右，如表 15-3 所示。

表 15-3　2020 年我国珠宝市场情况

品种	黄金	翡翠	钻石	和田玉	彩色宝石	珍珠	铂金和白银	其他
比例 /%	55.7	14.8	13.1	4.9	4.9	2.5	1.6	2.5

2. 线上交易活跃

近几年，随着网络的快速发展，翡翠的线上交易日益活跃，交易渠道包括电商、短视频、网络直播等。据中国珠宝玉石首饰行业协会统计，在 2020 年，翡翠的线上交易额就达到了翡翠交易总额（线下 + 线上）的 60% 左右。

3. 年龄

近几年，人们注意到一个较为显著的现象：翡翠消费者的年龄正逐渐年轻化。例如，2021 年，25~34 岁的消费者占所有消费者的比例高达 44%，如表 15-4 所示。这一现象颠覆了传统观念，因为传统上人们普遍认为中老年人更偏爱翡翠。

表 15-4　2021 年翡翠消费者的年龄情况

年龄	18~24 岁	25~29 岁	30~34 岁	35~39 岁	40~49 岁	50 岁以上
比例 /%	19	21	23	13	13	11

有研究者对此现象进行了研究，认为其原因与互联网的发展密切相关。随着短视频和网络直播等技术的进步，年轻人对翡翠的了解日益增加，他们乐于接受新事物，重视个人感受，个性鲜明，因此形成了这一趋势。

同时，研究者指出，这一现象既给翡翠企业带来了挑战，也带来了新的机遇——企业如何适应这一新趋势，开拓年轻消费群体，以促进企业乃至整个行业的发展。

4. 性别

在翡翠的消费人群中，女性的比例占 70% 左右。

5. 地域特点

翡翠消费具有显著的地域差别：从总体来看，经济发达、文化氛围浓厚的地区，翡翠的消费更旺盛。在内地，消费最旺盛的地区是广东、北京、江苏、上海等。从城市来看，北京、上海、广州、深圳位居前四位。

6. 翡翠的品种

翡翠品种的具体消费情况，主要有以下特点。

（1）颜色。绿色翡翠一直受欢迎；紫色翡翠的销量也比较好，因为很多人喜欢它“紫气东来”的寓意。

（2）品种。按销售的件数统计，从高到低依次为：挂件（吊坠）、手镯、珠链、戒指、耳饰和胸针。

（3）种。按销售的产品数量统计，糯种的比例最高，占 70% 左右；冰种占 30% 左右。豆种的比例大幅下降，前几年还占 12% 左右，但目前下降到了 1% 以下。研究者认为，这可能是因为最近几年人们对翡翠的了解更深入，因而更喜欢品质更高，同时价格也可以承受的品种。

（4）工艺。2021 年，人们对著名拍卖行的拍卖情况进行了分析，发现收藏级别的翡翠中，光身件的比例达到 90% 左右。原因就是前面提到的，光身件本身的品质更好，即所谓的“大圭不琢”“良玉不雕”，因而收藏价值高，保值、增值潜力大。

七 玉石之王

在珠宝行业里，翡翠被称为“玉石之王”。大家知道，我国是玉石大国，出产很多种类的玉石，其中，有的品种历史十分悠久。翡翠进入我国只有几百年的时间，为什么反而后来居上，成为“玉石之王”呢？

根据前面介绍的内容，我们可以明白，这主要是由于翡翠具有以下几个突出的特点。

1. 外观漂亮，惹人喜爱

这具体体现在以下几个方面。

颜色：翡翠有多种颜色，其中人们最喜欢的是绿色。科研表明，在各种颜色里，人的眼睛喜欢绿色。而且，绿色是春天的颜色，代表着生命、希望、活力、朝气，让人心情愉悦。在珠宝行业里，人们常说“玉为石之精，翠为玉之魂。”翡翠同时具有这两个特点，所以深受人们的喜爱。

质地：品质好的翡翠，质地细腻、晶莹剔透、通透清澈、光韵灵动，具有一种特别的深远的意境，会让人产生无尽的遐想，品味无穷、回味无穷。

内涵：有的翡翠，天生丽质，再加上玉雕师独出心裁的设计和巧夺天工的制作，使其具有更加丰富的内涵和寓意。

2. 性质优异

前面提过，翡翠具有多种优异的性质，比如硬度高，耐磨损；耐腐蚀性好，不容易变质，耐久性好等。

这些性质，使得翡翠能够长期保存，泽被后世。

3. 储量稀有

翡翠主要产于缅甸，储量稀少，而且经过多年的开采，产量日益减少，尤其是高品质的翡翠，更是千金难求。

4. 市场发达、活跃

翡翠的受众面广，深受不同年龄段、性别、气质、地域等人的喜爱，市场广阔。

5. 价格高昂

从整体上来看，翡翠的价格是所有玉石品种里最高的，是最珍贵的玉石。

我国现代著名的文学家、历史学家郭沫若先生也很喜欢翡翠，他曾写过一首诗，题目就叫《玉石之王》：

玉王称翡翠，含耀尚流英。

浓绿春心动，凝装古德馨。

瑕瑜犹易辩，人鬼实难分。

透视开门子，陶然赌石灵。

这首诗介绍了翡翠的几个突出的特点。有人说，翡翠“玉石之王”的美称可能就是从这首诗得来的。